TIANRAN XIANGJIAO
LIANGZHONG LIANGFA JISHU SHOUCE

黄华孙　曾　霞　主编

U0298734

# 天然橡胶
# 良种良法技术手册

中国农业出版社
北京

　　天然橡胶是世界四大工业原料之一，也是重要的战略资源。目前，用于商业的天然橡胶约98%来自橡胶树。其中亚洲天然橡胶的产量约占全世界产量的90%。橡胶树是一种原产于南美亚马孙河流域的雨林上层乔木，为大戟科（Euphorbiaceae）橡胶树属（*Hevea*）植物，目前广泛栽培于美洲、非洲和亚洲。其中亚洲的产量约占全世界产量的90%。

　　橡胶树喜高温、高湿、肥沃的酸性沙壤土，根系浅，不耐风、不耐寒。中国位于植胶带北缘，产业发展初期，寒害和风害对我国橡胶产业发展提出了严峻挑战，但通过广大科学工作者和三大植胶区农垦职工的努力，探索总结出一整套适合我国华南地区自然条件的橡胶生产技术，选育出了适宜我国植胶环境特点的品种，创立了中国特色割胶技术，使我国成为世界第四大植胶国和第五大产胶国。目前我国橡胶树种植面积1 700多万亩，年产干胶80多万吨，创造了世界奇迹。

　　我国是世界第一大天然橡胶进口国和消费国，近年的年消费量均在500万吨以上，天然橡胶供应牵动着相关产业的发展，肩负着保障我国国民经济运行和国防战略安全的责任。目前国际形势日趋复杂，天然橡胶仍是具有重要地位的战略性物资，在国防军工、航空航天、轨道交通、海洋装备等方面具有不可替代性。在国际贸易保护主义抬头的形势下，我国天然橡胶供给安全面临诸多挑战。此外，经过百余年的发展，天然橡胶产业已成为我国热带地区的经济支柱和农民致富的门路，约有300万人从事橡胶树种植业、天然橡胶加工业、橡胶加工设备制造业以及提供科技、生产资料服务等。在主栽区，几乎家家户户种植橡胶，涉胶家庭达70多万户。

橡胶树是多年生高大乔木，经济寿命约30年，因此橡胶树的管理显得极为重要。为了提升胶园建设和管理水平、促进橡胶树的生长、缩短非生产期、增强产胶潜力、提高天然橡胶产量和质量、增强生产的后劲，需要对生产的关键环节进行规范。中国热带农业科学院橡胶研究所牵头组织天然橡胶产业技术体系高产品种改良、种苗扩繁与生产技术、栽培生理、土壤与肥料、采胶、病害防控、虫害防控岗位专家开展《天然橡胶良种良法技术手册》的编写。其中高产品种改良岗位对三大植胶区进行了品种推荐，并介绍了主要推广品种；种苗扩繁与生产技术岗位对目前主流和新兴的种植材料及定植方法进行了介绍；栽培生理岗位对胶园的规划、种植密度与形式、林地开垦、树体管理、风寒旱灾害防控、胶园更新等生产流程进行了详细介绍；土壤与肥料岗位详细描述了橡胶树的营养需求、胶园土壤养分循环和橡胶树施肥管理；采胶岗位解读了采胶的基础知识，并对开割与停割、高效安全采胶技术、采胶机械、开割胶树的养护、死皮防控、割面越冬保护以及胶乳保鲜与田间凝固进行了全程介绍；病害防控岗位对影响橡胶树生产的重要病害白粉病、炭疽病、根病、季风性落叶病、割面条溃疡、棒孢霉落叶病的症状识别、发病规律、防治方法进行了逐一介绍；虫害防控岗位介绍了三大害虫类别，即害螨、介壳虫、小蠹虫的形态识别和为害症状，并推荐了虫情的监测预测方法及其防控手段。

本手册全方位呈现了植胶生产的全过程，既包含传统生产技术，又包含新近发展成熟的技术，是一本兼具系统性、前沿性、开放性的技术手册，内容科学合理，措施简明扼要，易于理解，方便操作，将有利于植胶生产者更加规范地开展相关作业措施，促进生产水平的提升，为实现胶园的长期高产稳产打下坚实的基础。

农业农村部农垦局对本手册的编写高度重视，对本书的架构和编写体例提出了宝贵意见。各岗位专家及其团队成员对内容进行了细致的编写和审阅，同时收集和拍摄了大量珍贵的图片。中国农业出版社在出版过程中也付出了诸多努力。

植胶生产的跨越期长，本手册虽然介绍比较全面，但我国的植胶环境非常复杂，限于篇幅，部分措施难以细化叙述，加之编写时间紧，虽尽力搜集，但部分数据和图片资料还不够完整，难免存在疏漏之处，诚恳欢迎读者提出宝贵意见。

编 者

2023年2月

CONTENTS 目录

1

第一章
# 胶园规划与开垦

## 第一节 胶园规划

　　橡胶树是起源于南美亚马孙地区的典型热带乔木，树体高大、材质脆弱，具有喜高温、高湿、静风环境等生态习性。而我国植胶区地处热带北缘，处季风带，且环境复杂，各地环境条件差异大，时有风害、寒害、旱害等自然灾害发生。同时，植胶生产周期长达30年或以上，其中非生产期7～9年，开割后需要周期性割胶作业，投入的劳动力及其他成本较大，至少割胶十几年才能收回生产投资。因此，为了充分利用胶园环境和土地，方便生产经营活动，必须对拟植胶环境进行评估，选择适于发展商业化植胶生产的宜林地建设胶园；同时需要对宜林地进行充分规划，合理高效利用土地，节约生产成本；合理搭配品种，确保植胶生产高产高效、可持续发展。

### 一、宜林地选择和等级划分

　　橡胶树对温度、水分、光照、风速和土壤环境等均有一定要求。气温在20～30℃时，适于橡胶树的生长和产胶；26～27℃时，橡胶树的生长最旺盛；低于18℃时，橡胶树的生长显著减慢；低于15℃时，橡胶树的生长基本停止；低于10℃时，橡胶树幼嫩组织受到轻度寒害；低于5℃时，橡胶树会出现梢枯、茎枯、爆皮流胶、黑斑等寒害症状；低于0℃时，橡胶树严重受害。年降水量为1 500～2 000mm，分布均匀，空气相对湿度在80%以上，对橡胶树的生长、产胶最为有利；年降水量不足1 500mm，相对湿度低于80%，长时间不降水会影响橡胶树的生长、产胶，严重时会导致橡胶树落叶、叶片和枝条干枯等症状，需采取必要抗旱措施；年降水量大于2 500mm，由于雨日量多，日照少，不利于橡胶树的生长和产胶，并且会使病害加重。幼苗或幼树可耐一定程度的荫蔽；成龄橡胶树要求充足的光照，年日照时数不低于2 000h。年平均风速在1m/s以下时，有利于橡胶树的生长和产胶；年平均风速在1～2m/s时，对橡胶树的生长和产胶无碍；年平均风速超过2m/s时，叶片水分蒸腾过剩，嫩叶易破损，进而影响生长和产胶；如果年平均风速大于3m/s而又无防护林时，橡胶树就不能正常生长，部分树木还可能断倒（图1-1）。橡胶树对土壤的要求是：土层厚度应不少于1m，土壤肥力中等以上，土壤湿润而不积水，pH为4.5～6.5。

图1-1　我国橡胶林的寒害、旱害和风害

基于多年的研究和生产实践，综合考虑气温、降水、风速、土壤、地形等因素，结合橡胶树生产力等可对我国宜林地等级进行了划分。农业农村部最新颁布的橡胶树栽培技术规程（NY/T 221—2016）和橡胶树种植土地质量等级（NY/T 3980—2021）对我国橡胶树优势区的划分和对植胶质量等级划分的标准见表1-1和表1-2。在种植橡胶树时，要充分考虑当地的地形、主要气象限制因素和社会经济状况等，尽量将橡胶林地选择在土壤质量为丙等及以上优势区的三等及以上的土地上。

表1-1 植胶区橡胶生产优势区等级划分

| 类别 | | 等级 | | | |
|---|---|---|---|---|---|
| | | 甲等 | 乙等 | 丙等 | 丁等 |
| 主要气候条件 | 年平均气温（℃） | ＞22<br>＞21[a] | 21～22<br>20～21[a] | ＜21<br>19～20[a] | ＜21<br>19～20[a] |
| | 月平均气温≥18℃的月数（个） | ＞9<br>8[a] | 8～9<br>7～8[a] | 7～8<br>＜7[a] | 7～8<br>＜7[a] |
| | 年降水量（mm） | ＞1 500<br>＞1 200[a] | 1 300～1 500<br>1 100～1 200[a] | ＜1 300<br>1 000～1 100[a] | ＜1 200<br>1 000～1 100[a] |
| | 平均风速（m/s） | ＜2.0 | 2.0～3.0 | ＞3.0 | ＞3.0 |
| 橡胶园生产力 | 定植期至达开割标准的月数（个） | ≤84 | ≤96 | ≤108 | ＞109 |
| | 旺产期每亩*年均产胶能力（kg） | ＞90 | 75～90 | 55～75 | ＜55 |
| 限制因素 | 近60年当地出现最低温≤0℃的低温天气次数[b]（次） | ≤2 | ≤3 | ≤5 | ≤10 |
| | 近60年当地出现持续阴雨天≥20天，期内平均气温≤10℃的低温天气次数（次） | ≤3 | ≤4 | ≤5 | ≤10 |
| | 近60年当地出现风力≥12级（32.6m/s）的台风天气次数（次） | ≤3 | ≤5 | ≤7 | ≤10 |

注：a表示云南植胶区的指标；b表示不含局部低洼地。若某一区域的主要气候条件和橡胶园生产力均满足表中指标，但限制性因素条件之一不能满足相应的指标时，该区域降至下一等级。

---

\* 亩为非法定计量单位，1亩≈667米²。——编者注

表1-2　植胶区土地质量等级划分指标

| 指标 | | 等级 | | | |
|------|------|------|------|------|------|
| | | 一等 | 二等 | 三等 | 四等 |
| 地形部位 | | 低丘陵、平缓低丘陵，开阔的丘陵，低山阳坡，霜线以上开阔的低、中丘陵的坡上部位向南或西南开口的小马蹄形地形；紧密丘陵中、上部位的阳坡，背风坡 | 低山大阳坡；向南或西南开口的马蹄形地区 | 疏密交错的丘陵区；开口向东、东南或向西的马蹄形地区 | 紧密丘陵区，大阴坡；向北、东北或西北开口的小马蹄地形 |
| 土层厚度（cm） | | >100 | 95～100 | 90～95 | 80～90 |
| 土壤质地 | | 壤土、轻黏土 | 壤土、轻黏土 | 砂砾质黏壤、重黏壤 | 沙壤土、重砾质黏土 |
| 土壤有机质含量（g/kg） | | ≥30 | 20～30 | 10～20 | <10 |
| 土壤酸碱度 | | pH 5.5～6.5 | | pH 4.5～5.5 | pH小于4.5或大于6.5 |
| 土壤养分（g/kg） | 速效氮 | 90～120 | 60～90 | 30～60 | <30 |
| | 有效磷 | >40 | 20～40 | 5～20 | <5 |
| | 速效钾 | >100 | 50～100 | 30～50 | <30 |

# 二、胶园土地规划

胶园土地规划设计的目的是在满足橡胶树生长、产胶和经营管理需要的前提下因地制宜，经济、高效地开垦利用土地。胶园土地规划包含土地总体综合利用规划、胶园道路规划、收胶点布局、防护林规划、林段划分5个方面。

## （一）胶园土地总体利用规划

胶园土地总体利用规划应在区域发展总体规划基础上，科学、经济地利用植胶林地。"山、水、园、林、路、房和多种经营"统一规划，综合利用，既要经济、高效地利用土地，有利于生产；又要保护和建立良好的生态环境，着眼于机械化生产需要（图1-2）。

图1-2　胶园规划示例

规划要建成开垦成本低，宜胶则胶、宜林则林，经济效益和生态效益良好的热带人工林生态系统。要在零星土地上，结合生产或生态要求，种植非橡胶树主要病原、害虫中间寄主作（植）物和泌蜜植物等。在确保橡胶生产潜力的前提下，保持、保护和改善当地生态环境，为实现天然橡胶产业可持续发展奠定基础。

## （二）胶园道路规划

为满足植胶生产需要，便于抚管、割胶、运输生产，需做好道路规划和收胶点布局，植胶地规划应根据环境类型和橡胶林段划分，在考虑区域生产需要和道路建设要求的前提下，规划出林间道路系统，保证胶园内交通便利。植胶区域的道路干线支线，按《公路工程技术标准》（JTGB 01—2019）中4级公路的规定修筑；林间小道路面宽一般为2.5 ～ 3m，能够满足机械化生产需求，为提高工效、降低成本打基础。

### （三）收胶点布局

在大面积植胶区域，应每450～1 050亩胶园设置一个固定收胶点，或建立便于机动车辆收集和运输胶乳、凝胶等的停靠点。

### （四）防护林规划

为了充分保护环境，提高胶园抗自然灾害能力，应在大面积植胶区域的大风或台风频发地区营造防护林；应在山顶和沟壑保留块状林，并纳入公益林体系管理。防护林建设的最主要目的是防风，部分地区的防护林也具备一定的防旱、防寒功能，但在风小、雾大、辐射，寒害严重的地区一般不设防护林带。

防护林的主林带走向一般垂直于主风向，而丘陵地区的防护林主林带沿山脊建造，迎风山谷要加设林带。防护林主林带宽12～15m，副林带宽8～12m，山脊林带宽不少于20m。防护林带与橡胶树距离不小于6m。相对高差60m以上的山岭，山顶部至少留1/4的块状林。水库边、河岸、路旁应留林或造林。

### （五）林段划分

林段是橡胶林种植时在某一区域内根据地形、土壤特点等和橡胶生产经管要求将土地划分为面积相当、形状规则的作业地块，为橡胶生产管理中的基本单元。

#### 1.林段划分原则

胶园规划时须根据地形、气候、土壤、地物等要素充分考虑林段划分，要尽可能使同一林段中的自然小环境一致，避免同一林段内因自然环境差异导致橡胶树生长和产胶出现明显差异或带来生产管理的不便。

（1）地形因素。地形与土地质量、气候特点有关。因此，同一林段的坡向、坡位、坡度和海拔高度应尽可能控制在相类似的条件内，特别要注意坡向的一致性。因为不同坡向的胶园风害情况和寒害程度差别很大，所以，在寒害较重的地区主要按南坡和北坡或阳坡与阴坡的坡向来划分林段。同时，还要考虑坡位情况，按冷空气沉积线的高低和高空冷风影响的高度来划分。在风害地区，则应按主风风向的迎风坡与背风坡划分。

（2）土壤条件。同一林段内的土壤性状应尽量一致或无显著差别，以便于胶园的土壤管理。

（3）地物因素。一些地物，如深坑、高坎、水塘等是生产管理中的天然障碍物，同一林段内不应有天然障碍物，以免造成生产管理不便。

### 2.林段划分方法

通常以防护林带划分林段。林段面积和形状根据当地的风害大小、寒害程度以及经营管理需要来确定。风寒害较重地区林段面积宜小，无风寒害地区林段面积宜大，一般为20～40亩。除重风害区可采用方形外，一般林段都采用长方形。长方形地块便于机械作业和林段管理，同时可缩短主林带间的距离，增强防护林的防风效果。

在无须营造防护林带的地区，应以道路、坡面、山头、沟壑、河流等天然界线划分林段。在无寒害地区，同一林段的地形相对高度差控制在50m以内，以防水土流失，且便于林段管理。

林段划分一般采用万分之一比例尺的地形图作为规划底图，并以航测照片等作为参考，按下列步骤进行。

（1）在地形图上，用明显的颜色勾画出宜林地范围。

（2）将宜林地范围内的非植胶地、非宜林地用另一种颜色勾画出来。

（3）将宜林地范围内的河流、公路和一些大型的天然障碍物或人工建设物标志出来。

（4）规划出通过宜林地的主干道路。

（5）在风害较重地区，按主风方向结合地形、坡向设计安排主林带位置，即要求主林带与主风方向垂直，两条主林带之间的距离为100～150m。同时，通过设计副林带，具体地划分出橡胶树林段。一般两副林带间距为150～200m，每一个林段面积控制在20～40亩。

一个区域内各林段的面积应尽可能一致。

（6）在寒害较重地区，按坡向、坡位、坡度和海拔高度划分林段，将丘陵地和山地的阳坡与阴坡、迎风坡与背风坡的宜林地分别划分在不同的林段里。

（7）合理配置每一个林段的橡胶树品种，设计种植形式和种植密度，确定开垦方式（梯田或环山行），勾画出水保工程，计算出面积和苗木株数等。

（8）提出各林段定植材料种类，并确定所需橡胶树种子、种苗量，包括覆盖作物、防护林和间作作物等，以便准备苗木。提出植胶后田间管理的主要措施，如施肥制度、间作方式等。

（9）做出土地开垦种植的经费概算。

目前，国家天然橡胶生产保护区建设中提出橡胶林要上图上册，要实现信息化管理。因此，在林地规划中建议充分结合现代遥感、无人机测绘等技术，利用 ArcGIS 等地理信息系统软件进行林地规划和管理。

## 三、胶园品种配置

橡胶树品种特性对环境和土壤等的适应性存在一定差异，有的品种高产但不耐寒、不抗风，有的品种抗风或耐寒但不高产，其适用环境有所不同，甚至有较大差异。同时，国内植胶环境也十分复杂，有些地方风害多，有些地方寒害威胁大。因此，在橡胶树品种选择和宜林地规划时一定要因地制宜，做到品种、环境、措施对口配置，以充分发挥良种的种性。不同地区和主要限制条件下的品种配置建议见第二章。

此外，在进行品种搭配时，同一林段内应配置同一个品种。因为不同品种对自然灾害的抗性、对肥力的要求、对割胶或刺激的反应程度等都有所差异，同一林段、同一品种林相整齐，物候一致，有利于采取统一的栽培技术及措施，否则不便于管理，也会影响胶园林相和抗逆性。

## 第二节　种植密度与形式

种植密度是指单位面积土地上的种植株数，种植形式是指植株间排列的方式，两者有密切关系。种植密度与形式对橡胶树生长速度、树皮厚度、产量的高低、病害的发生和危害程度、胶园抗灾能力以及经营方式、投资产值、土地生产率、割胶用工等都有显著影响（图1-3）。一般情况，随着种植密度的增加，单位面积产胶量亦递增，而单株产胶量则递减，由于单株产胶量的递减，当种植密度达到一定限度时，单位面积产胶量也达到最高限度。但随着种植密度的增加，种植和割胶劳动投入等也将明显增强，因此种植密度过大既不利于产胶也不经济。另外，密植的胶园郁闭度大、湿度较大，条溃疡病发生较严重，因辐射降温时林内光照辐射量少，烂脚病（树干基部冻伤）也比较严重。大规模植胶以来，种植形式很多，但不外乎正方形和长方形。而不同品种间在抗性、生长特性上也存在差异，故在一些

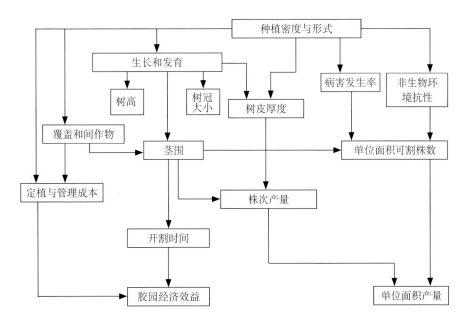

图1-3　种植密度与形式对橡胶树产量等影响的关系

微环境条件变化较大的林段间还需结合品种特性配置种植密度和种植形式。

## 一、类型

橡胶树定植后，种植密度及形式在几十年的生产周期内是无法改变的，或改变的成本很高。因此，在林段规划时要综合考虑单株产胶潜力、胶园整体抗逆能力、单位面积产量、种植和生产管理成本、割胶成本等的平衡，进而确定采用的种植密度和形式，以取得最优种植效果。

我国大规模植胶初期，种植密度和形式主要参考国外经验，曾先后采用亩植25株（5m×5.3m），亩植33株（4m×5m）等近似正方形的种植形式。后又结合重寒害、风害等问题综合考虑，改为长方形或街道式，行距大多为7～9m，株距大多为2.0～3.5m。20世纪70—80年代为发展胶园间作和提高胶园抗性，进一步拉大行距，部分行距达到20m以上。行距扩大后，为保障单位面积内植胶株数，在街道式种植的基础上缩小株距，从而形成了宽行密株（篱笆式）、宽窄行（双行篱笆式）、丛栽式等多种种植形式（图1-4），以保证单位面积的产胶量。国内外常见种植密度形式如图1-5所示。生产中主要推荐的种植密度为每亩25～40株。在海南岛风害严重地区宜适度密植，在云南高寒地区应适度疏植，在土壤瘦瘠地上宜密植，在肥沃土壤上宜疏植。

图1-4　丛栽式（左）和双行篱笆式（右）

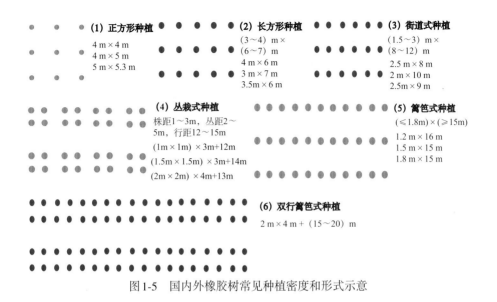

图1-5　国内外橡胶树常见种植密度和形式示意

## 二、选取原则

我国植胶区气候、土壤、地形等自然因素变化大，风寒害频繁且严重，加上橡胶树的经济寿命达20～40年，经营方式也不尽相同，因此，在选择种植密度和形式时可参照如下原则。

### 1.气候情况

在风害较重的地区，橡胶树应种得密一些：一方面是预防风害损失，而增加单位面积内的有效株数；另一方面是种植密度加大后，橡胶树生长会偏高，树冠量则少，降低风害中的断倒率。所以，在海南岛东部和雷州半岛南部台风多、风害频发的地区，每亩可种橡胶树40～50株。在辐射寒害严重地区，如云南省西南部为烂脚病的严重发病区，植胶时应扩大行距，以增加阳光直射进胶林内的时间，通常行距应在树高的1/3～2/3为好，即在9～12m或更宽一些，每亩种植25～30株。一般植胶区，应控制在每亩种植35株左右。

### 2.土壤条件

在肥沃的土壤上，橡胶树生长好，树冠茂盛，种植密度应稀疏些；

在贫瘠的土壤上，橡胶树生长差而慢，树冠往往稀疏，应种植得密集些，以达到提前郁闭、改良土壤环境的目的。

### 3.地形

在丘陵地，特别是坡度较大的地方，采用适当增加行距到8～12m宽行种植，这样既可以节省开垦修筑梯田的用工，又便于抚育管理和割胶。而在平地上，则以（2～3.5）m×（7～9）m的形式种植为好。

### 4.间作物种类

要在橡胶园间作多年生作物时，如果橡胶行间种茶叶、咖啡、胡椒等多年生经济作物，植胶的行距要扩大至12～15m，甚至更大些（如18m），以延长间作物的收获期，增加经济效益，但株距应不小于1.8m，保证每亩种植橡胶树25～30株。在胶园中种植短期性作物或耐阴性强的药用植物时，可以按正常的株行距种植。

### 5.经济效益

植胶时要考虑到开垦、修筑水土保持工程、挖穴、定植、田间管理、割胶、施肥和防病等费用，这些费用的高低与种植密度和形式都有关，多种1株要多挖1个穴，多准备1株苗木，成本就会增加，种植形式有的便于机械作业，有的只能人工作业，又会影响到工效和投资。种植密度和形式直接与胶树投产的快慢、产胶量的高低、收益的多少有关，所以要从投入少和收益高的经济角度来考虑种植密度和形式。经过多年的试验和比较，目前我国生产上常用的最优种植密度是亩植30～40株（每平方千米450～600株），株行距一般可以采用（2.5～3）m×（7～8）m。

近年来，为了发展全周期间作，中国热带农业科学院橡胶研究所经过20多年的研究，创建了2m×4m+20m的全周期间作模式。该模式采用直立窄幅形橡胶树新品种，按宽窄行种植形式建立胶园，形成开阔的大行间可持续开展多种作物间作生产（图1-6）。对热研917建立的全周期间作模式研究表明，该模式能保证橡胶树的正常生长和割胶，平均年株产干胶4.33kg，为对照常规模式胶园的102.5%；干胶平均亩产105.6kg，为对照常规模式胶园的97.3%；风害率很低，累计断倒率为1.0%，为对照常规模式胶园的30.9%；死皮率低，累计死皮率为12.3%，为对照常规模式胶园的58.4%。20龄胶园内露地仍占胶园面积的33.3%以上，2011—2017年种植40种作物，胶园年产值和纯收入净增幅分别为99%、324%。该模式在不降低橡胶亩产的前提下，胶园土地利用率提高30%以上，可大规模发展胶园间作生产，有效增加单位面积产值，并降低胶园风害率，因此，进一步开发该模式有重要意义。不过在选择该模式中需要充分考虑土地条件和橡胶树品种，如在平缓坡地使用热研917、热垦628等直立窄幅形橡胶树品种。为了充分利用光照条件，大面积种植时建议采用东西行走向。

图1-6　我国近年来发展的橡胶树全周期间作模式

## 第三节　林地开垦

林地开垦是胶园农田基本建设中极其重要的环节。林地开垦质量的好坏直接影响橡胶树的生长、产量、林地抚育管理的工效和采胶作业等。胶园开垦涉及清山、犁地、定标、修梯田（或环山行）、挖穴等环节，开垦工作尽量连片进行。先制订开垦方案，然后修建拟垦地区的林间道路，逐个生态小（微）区开垦。力争在较短时间内完成开垦作业。开垦前，应清除园区内的恶草和根病区的病原菌寄主，并对根病区进行毒杀处理。开垦过程应重视水土保持，采取各种措施防止或减少水土冲刷。

# 一、开垦质量要求

### 1.清除根病区根病寄主

机械开垦可用挖掘机将树头全部挖出，并清除残余病根；不宜机垦的林地可采用药剂毒杀树桩，最终清除病根及田间其他病原寄主，并对种植穴进行晒穴处理。药剂毒杀一般用草铵膦、敌草快等毒杀树头或使用恶草酮进行土壤消毒。树头毒杀是在树桩上环状剥皮10cm宽，立即将药涂于环剥带上，为保证毒杀效果应在环剥后立即涂药，不能拖延时间太久，否则，剥口干燥或暴露面部分为胶乳所遮盖，再涂药剂则不易渗入橡胶树的木质部，毒杀效果大大降低。

### 2.清除垦区恶性杂草

对拟垦园区内的恶草，应在定植前采用化学方法、人工或机械方法灭除。大型的杂木使用机械清除。

### 3.保留和利用表土

尽量保留和利用表土，为新植橡胶树和间作物提供良好的土壤环境。

### 4.水土保持工程

坡地或山地胶园应严格遵守等高开垦原则，并按标准修筑梯田或环山行，以防止水土流失，并保证工程质量。

### 5.开垦时间

胶园开垦一般在冬春季进行。一般在定植前1个月以上完成挖植穴作业，但若是根病区，应在定植前2个月以上完成。

# 二、开垦程序与方法

### 1.位置确定

按规划要求确定防护林、林间道路位置。

**2.开垦程序**

开垦程序为倒树（挖根）、清山、犁地、搂根、整地、定标、修筑梯田与水保工程、挖穴、回土施基肥。

**3.倒树、挖根**

运用机械作业，将原有树木按顺序连片向同一方向截断推倒。在坡地可将树木倒向坡下，再利用挖根机清除树头，使用机具对推倒的树木进行分类堆积，以便外运利用。对于直径小于25cm的林木，可用拔树机将整株树连根拔起。

**4.清山**

清除妨碍机械犁地或耙地的障碍物，包括粗大的枝条、已拔起的树根和推倒的小树等。将有价值的林木、树头清理出林地，以待运出，其他杂木可用推土机推至林地边缘或沟谷。

**5.犁地、搂根、整地**

对生荒地、杂木林地开垦时，第一次犁地深度为30～50cm。坡地应沿着等高方向耕犁，禁止沿坡向方向耕犁，以减少水土流失。随后使用搂根机沿纵横两个方向各搂1次，并将树根、杂草根等清除干净。对犁地后较大土块，可进行重耙后再搂根。为保证整块地质量，建议复耙1～2次。

**6.定标**

按拟定的橡胶树种植形式、密度、规格在林段内具体定出种植穴的位置，这项工作称为定标。定标的方法分为"十"字定标法和等高定标法。坡度5°以下的平地和平缓坡地，可采用"十"字定标法；坡度大于5°的坡地，应采用等高定标法。定标时尽量避免断行和插行，其中因坡度变化大导致行距变化的，可通过适当调整株距以控制种植密度，但最大行距应小于设定行距的150%，最小行距应大于设定行距的70%。当行距大于设定行距的150%，且可连续种植4株橡胶树的，可插行。

（1）"十"字定标法。采用"十"字定标法定出的植胶行为"十"字交叉，可用于方形或长方形植胶地。定标时，在林段内先定出一条基线，一般是平行于林段的长边。然后按植胶行距的数倍距离定出与基线平行的第二条基线，如行距为7m，则在距第一条基线的35m或

42m处定出平行于第一条基线的另一条基线，以上述两条线为基准，就可按行株距的要求，进行"十"字交叉拉线，不断延伸，定出每一行植胶行和植胶穴的位置。

（2）等高定标法。凡是地面坡度大于5°的坡地，不能按"十"字定标法种植橡胶树，应按等高定标法水平定出植胶带种植。上一行的橡胶树与下一行的橡胶树不要求相互排列整齐、对称，为使坡地植胶带等高、走向准确，应在林段定标时采用等高定标法。等高定标法分为基线定标法和基点定标法。

基线定标法：在一个林段内或一个坡面上选一具有代表性的地段，先定出一条基线，在基线上按行距的水平距离测出每一行的标点，然后由这一标点开始，向左右两侧按水平等高延伸，定出每一个植胶穴的标位即可。基线定标法简单，易于掌握应用，但不可避免会出现断行和插行，当上下两植胶行的距离小于株距时，应按断行处理；上下两行距离大于行距的1.5倍时，应加入植行（插行）。

基点定标法：先选定每一植胶行的起定点（基点），再从此选定的基点开始定标。具体做法是：在一个林段或一个坡面上选一块较宽而有代表性的地方先定出一条等高的植胶带，以定好的第一行植胶带，兼顾到上下行，根据地形坡度变化情况确定行距（在规定范围内），并找一适宜点开始定上一行或下一行的植穴标，如此延续扩展进行，直到整个林段定标完毕。

### 7.修筑梯田与水保工程

（1）坡度小于3°的平地胶园，不用修筑梯田，可采用等高横坡种植，不能顺坡排列，可间隔3～4行，修筑土埂，防止水土流失。植胶后，结合施肥，挖掘水肥沟，以达到拦蓄径流和保持水土的目的。

（2）坡度3°～5°的平缓胶园，修筑面宽1.5～2.5m的水平梯田，外缘筑高30cm、底宽60cm、面宽30cm的土埂，梯田内侧挖掘水肥沟，每一行或是隔2～3行在梯田上修筑一条20～30cm的沟埂。

（3）坡度5°～15°的胶园，修筑面宽2.0～2.5m的水平梯田，外缘筑高30cm、底宽60cm、面宽30cm的土埂；梯田内壁在两植穴间挖宽

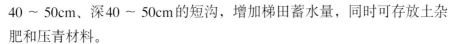

40 ～ 50cm、深40 ～ 50cm的短沟，增加梯田蓄水量，同时可存放土杂肥和压青材料。

（4）坡度大于15°的胶园，修筑面宽为1.2 ～ 2.5m的环山行，其中坡度小的环山行可宽些，坡度大的可窄些；环山行面内倾（或反倾斜）8°～ 15°（辐射寒害常发地段可减小内倾角度）；整行环山行面基本水平；环山行上每隔5 ～ 10株在行面上修（留）一小横土埂。修筑梯田或环山形和挖植穴宜同时进行。作业时应保留足够用于回穴的表土，用挖出来的土修筑梯田埂或填于环山行外缘。

（5）天沟，在高丘陵地区种植橡胶树，在丘陵顶部最上一行环山行上方约10m处挖掘1道宽50 ～ 60cm，深80cm的高截水沟，挖出的土堆积在沟的下方，连成土埂，天沟与自然排水沟相连，起到排水泄洪的目的。

（6）泄洪沟，丘陵胶园，在其下方有农田者，在农田上缘挖泄洪沟，深和宽都为40 ～ 60cm，并设有排洪口。

### 8.挖植穴

植穴规格（面宽×深×底宽）：人工开挖的规格为70cm×60cm×50cm；机械开挖的规格为（70 ～ 100）cm×（70 ～ 100）cm×（70 ～ 100)cm。在有条件的地区可挖种植沟，种植沟规格为（宽×深）（70 ～ 80）cm×（70 ～ 80）cm。根病区则应彻底清除植穴处及附近的树头及其根系，并使植穴充分暴晒一个月或以上。

### 9.回穴施基肥

在植穴挖好一个月后，进行表土回穴。每穴施20 ～ 30kg腐熟有机肥、0.5 ～ 1.0kg过磷酸钙或2kg矿磷粉，与表土混匀后回填于植穴中层。

# 第二章 CHAPTER 2
# 品种推荐与定植

## 第一节　品种推荐

2023—2025年我国橡胶树优良品种推荐见表2-1至表2-3。

表2-1　海南植胶区2023—2025年优良品种推荐

| 类型区 | 地区 | 推广 | 试种 |
|---|---|---|---|
| Ⅰ类 | 儋州市、屯昌县、澄迈县、临高县、白沙黎族自治县、琼中黎族苗族自治县、五指山市等中西部县市 | 热研73397、热垦628、大丰95、热研917、文昌217、文昌11、PR107 | 热研879、热垦523、云研80-1983 |
| Ⅱ类 | 海口市、文昌市、定安县、琼海市、万宁市、保亭黎族苗族自治县、陵水黎族自治县、东方市、乐东黎族自治县、昌江黎族自治县、三亚市等海南东部及南部市县 | 文昌11、文昌217、PR107、热研917、热研73397、RRIM600 | 热垦628、热研879、文昌193 |

表2-2　广东植胶区2023—2025年优良品种推荐

| 类型区 | 地区 | 推广 | 试种 |
|---|---|---|---|
| Ⅰ类 | 廉江市、化州市南部、电白市北部、高州地区 | 热研73397、云研77-4、云研77-2、热垦628、PR107 | 湛试32713、化1-285、文昌217、云研73-46 |
| Ⅱ类 | 徐闻县、遂溪县、阳江市中部 | 南华1、云研77-4、红星1、热研73397 | 湛试32713、化1-285、化59-2 |

（续）

| 类型区 | 地区 | 推广 | 试种 |
|---|---|---|---|
| Ⅲ类 | 粤西的信宜、阳春、阳西及化州北部，粤东的普宁、揭阳及陆丰北部 | 云研77-4、IAN873、热研73397、93-114、GT1 | 湛试32713、化1-285 |

**表2-3　云南植胶区2023—2025年优良品种推荐**

| 类型区 | 地区 | 推广 | 试种 |
|---|---|---|---|
| Ⅰ类 | 西双版纳傣族自治州、思茅、临沧地区、德宏傣族景颇族自治州垦区及红河哈尼族彝族自治州的金平苗族瑶族傣族自治县、绿春县、元阳县等地区的开阔丘陵、低山海拔800m以下（金平海拔550m以下）的阳坡及紧密丘陵阳坡中上坡位 | 热垦628、热研879、热垦525、热垦523、云研73-46、GT1、PR107、云研77-4、云研77-2、热研73397 | 云研80-1983、云研76-235、热研917 |
| | 红河哈尼族彝族自治州河口县及文山壮族苗族自治州的马关县、麻栗坡县等地区海拔150m以下，山前屏障良好的中、低丘陵和台地；海拔150～250m的丘陵低山的背风阳坡 | 热垦628、热研879、GT1、云研77-4、云研77-2、PR107、热研73397 | 热研917、云研80-1983、云研76-235 |
| Ⅱ类 | 西双版纳傣族自治州、思茅、临沧地区、德宏傣族景颇族自治州及红河哈尼族彝族自治州的金平苗族瑶族傣族自治县、绿春县、元阳县等地区的开阔丘陵、低山海拔800～900m（金平海拔550～600m）的阳坡；海拔800m（金平海拔550m）以下的半阳坡或半阴坡及坡度小于10°的阴坡高台地；较紧密丘陵低山的阳坡地坡下部位，较缓阴坡地坡上部位 | 热垦628、云研77-4、云研77-2、云研73-46、GT1 | 云研80-1983、云研76-235、湛试32713 |
| | 红河哈尼族彝族自治州河口瑶族自治县及文山壮族苗族自治州的马关县、麻栗坡县等地区海拔150m以下的迎风较缓阴坡；海拔150～250m的中、高丘陵迎风阳坡、半阳坡；海拔250～300m的背风阳坡 | 云研77-4、热垦628、云研77-2、云研73-46、GT1 | 云研80-1983、云研76-235、湛试32713 |
| Ⅲ类 | 西双版纳傣族自治州、思茅、临沧地区、德宏傣族景颇族自治州及红河哈尼族彝族自治州的金平苗族瑶族傣族自治县、绿春县、元阳县等地区的开阔丘陵、低于海拔900～950m（金平海拔600～650m）的阳坡；海拔800m（金平海拔550m）以下，坡度10°～20°的阴坡；紧密丘陵低山的半阳坡或半阴坡、低台地 | 云研77-4、云研77-2、云研73-46、GT1 | |

（续）

| 类型区 | 地区 | 推广 | 试种 |
|---|---|---|---|
| Ⅲ类 | 红河哈尼族彝族自治州河口瑶族自治县及文山壮族苗族自治州的马关县、麻栗坡县等地区海拔150～250m的丘陵迎风缓阴坡、半阴坡；海拔250～300m的山丘迎风阳坡 | 云研77-4、云研77-2、云研73-46、GT1 | |

# 第二节　品种简介

**1.热研73397**

选育单位：中国热带农业科学院橡胶研究所。

品种来源：RRIM600×PR107。

生长：生长速度快，开割前年均茎围增长7.51cm，开割后年均茎围增长1.94cm，均显著高于对照RRIM600。植后7～8年开割。

产量：产胶潜力大，中国热带农业科学院高比区第1～11割年平均干胶产量为每株4.56kg，每亩131.8kg，分别比对照RRIM600增产31.8%和69.6%。干胶性能好，第1～11割年平均干胶含量为32.6%，比RRIM600高2.3个百分点。

抗性：抗风能力较强，平均风害累计断倒率为2.23%，比RRIM600低3.6个百分点；抗白粉病能力强于RRIM600；死皮率低于RRIM600。

### 2.热研917

选育单位：中国热带农业科学院橡胶研究所。

品种来源：RRIM600×PR107。

生长：生长速度快，开割前年均茎围增长6.38cm，高于对照PR107（5.68cm）和RRIM600（5.95cm）。开割后年均茎围增长2.89cm，生长速度也比对照PR107和RRIM600快。

产量：在基本试验区，第1～9割年干胶产量逐年递增，第9割

年平均干胶产量为每株5.79kg，每亩137.1kg，分别比对照PR107增产86.8%和73.4%。生比区前9割年平均干胶产量为每株3.95kg，每亩97.8kg，分别比对照PR107增产75.7%和68.6%。

抗性：抗风性优于对照RRIM600，与PR107相当，风害后恢复生产能力较强。

### 3. 热研879

选育单位：中国热带农业科学院橡胶研究所。

品种来源：热研88-13×热研217。

生长：开割前生长速度快，但投产后生长速度明显下降。

产量：早熟高产，干胶含量高。海南高比区第1～11割年平均干胶产量为每株5.77kg，每亩166.9kg，分别比对照RRIM600增产52%和51%。云南临沧孟定农场生比区，其第1～7割年年均株产6.86kg，第2割年亩产超过100kg，第7割年亩产超过300kg。

抗性：抗风性、抗寒性偏弱，与RRIM600相当。

使用建议：该品种为特早熟高产品种，开割初期就能获得较高产量，宜适当降低割胶强度，加强营养管理，培养产胶潜力，以实现持续高产。

### 4. 热垦628

选育单位：中国热带农业科学院橡胶研究所。

品种来源：IAN873×PB235。

生长：为单干窄幅型速生品种。生长速度快，开割前年均茎围增长超过8cm，开割后年均茎围增长2.88cm，分别为对照RRIM600的114.7%和109.6%。

产量：品种比较试验区第1～5割年平均干胶产量为每株2.23kg，每亩56.6kg，分别为对照RRIM600的145.7%和168.8%。

抗性：抗风性与PR107相当。抗平流型寒害能力较好。

### 5.云研77-2

选育单位：云南省热带作物科学研究所。

品种来源：GT1×PR107。

生长：速生。茎围生长速度比对照GT1快8.3%～15.2%。

产量：具有高产特性，云南西双版纳地区适应性试验区，第1～11割年平均干胶产量为每亩128.8kg，为对照GT1的144.3%，对刺激割胶反应良好，干胶含量高。

抗性：抗寒性较强，比GT1高0.5级。白粉病和炭疽病抗性与GT1相当。

### 6.云研77-4

**选育单位**：云南省热带作物科学研究所。

**品种来源**：GT1×PR107。

**生长**：速生。茎围生长速度比对照GT1快6.5%～14.8%。

**产量**：具有高产特性，云南西双版纳地区适应性试验区，第1～11割年平均干胶产量为每亩122.27kg，为对照GT1的136.9%，对刺激割胶反应良好，干胶含量高。

**抗性**：抗寒性较强，比GT1高1.0级。死皮率、白粉病和炭疽病抗性与GT1相当。

### 7. 云研73-46

**选育单位:** 云南省热带作物科学研究所。

**品种来源:** GT1×PR107。

**生长:** 较速生。开割前后的生长速度都比GT1快2.2%。

**产量:** 在云南西双版纳地区的适应性试验,第1~6割年平均干胶产量为每亩123.4kg,为对照GT1的177.9%。在云南西双版纳地区的生产性试验区,第1~5割年平均干胶产量为每亩130.5kg,为对照GT1的125.8%。

**抗性:** 抗寒力强于GT1,比GT1高0.5级,抗条溃疡病中等。

### 8.云研80-1983

**选育单位**：云南省热带作物科学研究所。

**品种来源**：云研277-5×IRCI22。

**生长**：速生。开割前生长速度比RRIM600快22.6%，但开割后生长速度较RRIM600慢，年均增粗不足2cm。

**产量**：高产，不刺激即可达到高产。云南省热带作物科学研究所高比区，第1～6割年平均干胶产量为每亩145.3kg，为对照RRIM600的196.2%，第1～12割年平均干胶产量为108.3kg/hm²，为对照RRIM600的121.7%。

**抗性**：抗寒性弱于GT1，与RRIM600相当。

### 9. 大丰95

选育单位：海南省国营大丰农场。

品种来源：PB86×PR107。

生　长：速生。非生产期生长速度较RRIM600稍快，正常抚管6年可达开割标准。

产　量：高产早熟。生产示范区第1～11割年平均干胶产量为每株3.09kg，每亩126.6kg，分别为对照RRIM600的112.4%和127.1%。

抗　性：抗寒性明显优于RRIM600，与GT1相当。抗风性优于RRIM600。

10. 文昌 11

选育单位：海南省农垦橡胶研究所。

品种来源：RRIM600×PR107。

生长：开割前生长速度稍慢，开割后生长速度与RRIM600相当。

产量：高比区第1～12割年平均产量为每株3.63kg，每亩130.2kg，分别比对照RRIM600高19.2%和30.3%。

抗性：抗风性较强，优于对照海垦1。

### 11. 文昌217

选育单位：海南省农垦橡胶研究所。

品种来源：海垦1×PR107。

生长：生长速度比RRIM600稍慢，原生皮比海垦1厚。

产量：产量高。在高比区，第1～11割年平均年产干胶每株3.60kg，每亩125.5kg，分别比对照RRIM600高18.1%和25.5%。

抗性：抗风性强，优于对照海垦1。

### 12.湛试32713

选育单位：中国热带农业科学院南亚热带作物研究所、中国热带农业科学院湛江实验站。

品种来源：93-114×PR107。

生长：速生。幼树期平均年增粗5.81cm，生长速度比对照93-114每年快0.11cm；割胶后平均年增粗2.96cm，生长速度比93-114每年快0.51cm。

产量：初比区第1～5割年平均株产1.92kg，比对照GT1高102.1%；生比区第1～3割年亩产27.0kg，比对照93-114高10.5%。

抗性：抗寒能力强。抗平流型寒害与IAN873相当，抗风性与93-114相当。

### 13.PR107

选育单位：印度尼西亚国营农业公司。

品种来源：初生代无性系。

生长：幼龄期生长速度较慢，开割后树围增长速度较快。原生皮较厚，再生皮复生较慢。

产量：晚熟品种。海南垦区前5割年平均干胶产量为每亩39.3kg。第6～10割年平均为每亩89.4kg。在云南省热带作物科学研究所1963年生产性试验区，第1～24割年平均干胶产量为每株5.04kg，每亩122.5kg。

抗性：抗风性好。易感染条溃疡病和白粉病，抗旱性较差。

### 14.RRIM600

**选育单位**：马来西亚橡胶研究院。

**品种来源**：Tjir1 × PB86。

**生长**：幼龄期长势中等，开割后树围增长速度较快。

**产量**：海南垦区前5割年平均干胶产量为每亩62.0kg。第6 ~ 10割年平均为每亩105.5kg。在云南省热带作物科学研究所1965年生产性试验区，第1 ~ 25割年平均干胶产量为每株4.58kg，每亩105.5kg。

**抗性**：抗风性较差。抗旱性比GT1、RRIM513差。易感炭疽病、条溃疡病。

15.GT1

选育单位：印度尼西亚中东爪哇试验站。

品种来源：初生代无性系。

生长：苗期生长速度较慢，长势一般。

产量：广东粤西植胶区，前5割年平均干胶产量为每亩53.2kg，第1～10割年平均干胶产量为每亩64.8kg。在海南植胶区，前5割年平均干胶产量为每亩65.8kg，第1～10割年平均干胶产量为每亩81.7kg。在云南省热带作物科学研究所1965年生产试验区，第1～25割年平均干胶产量为每株5.79kg，每亩154.8kg。

抗性：抗寒性较强。抗风性较差。

## 第三节 种植材料

种植材料，生产上也称橡胶苗、苗木等，对橡胶树的生长、产量、抗风性、抗寒性、木材性能等方面都具有重要的影响。因此，选择合适的种植材料是保证橡胶树整个生产周期生产潜力最为关键的第一步。

2010年前，生产上使用的橡胶树种植材料包括袋装苗和裸根苗两种，其中以袋装苗为主。通过大量生产实践证明，这两种苗木普遍存在主根偏短，根系在容器内缠绕、弯曲等方面的问题，导致大田定植后苗木长势不整齐，抗风、抗寒性等较弱，且育苗技术环节难以控制。随着容器育苗技术的发展和完善，传统裸根芽接桩苗和袋装苗将被逐步取代。

容器苗是指在容器（生产上通常用的是装满培养基质的硬质或软质营养袋）中栽种培育的苗木。具体到橡胶树种植材料领域，通常是采用栽种在容器中，接穗生长至第2蓬叶及以上的苗木，容器苗大田定植后苗木非生产期林相整齐，成龄后开割率高。

容器苗从苗木培育方式上看，根据育苗容器中栽种材料的不同，可分为芽接苗和组培苗（又称体胚苗）。芽接苗和组培苗的生产过程有本质的区别，芽接苗是指由种子砧木用芽接法培育的一至数蓬叶的全苗；组培苗是由体细胞胚直接发育而成的植株。其中，芽接苗又可按照接芽时间、接芽方式、砧木大小等差异分为袋育芽接苗（袋育苗）、籽苗芽接苗（籽苗、籽袋苗）等。

从生产实际出发，本手册介绍的橡胶树苗木类型，按苗木出圃时外观形式上的不同，以出圃时容器大小的差别将容器苗分为袋育苗和小筒苗。其中，袋育苗主要介绍袋育芽接苗、袋育籽接苗和袋育组培苗3种类型。相应的小筒苗也主要介绍芽接小筒苗、籽苗小筒苗和组培小筒苗。

# 一、袋育苗

## （一）袋育芽接苗

袋育芽接苗在生产上俗称袋育苗，种子在沙床催芽后直接移栽至装填基质的袋中生长至茎粗1.5～2cm时（这一过程通常需要8个月至1年时间）芽接，锯砧后培育的一种容器苗。

### 1.主要特点

世界通用，技术成熟。是目前世界上各植胶国家通用的橡胶树苗木类型，育苗技术比较成熟。芽接、抚管过程相对粗放，避免了裸根苗、袋装苗苗木主要存在的主根偏短等问题。

袋育芽接苗缓苗期短，林相整齐。两蓬叶袋苗定植后，克服了裸根苗抽芽不整齐，甚至部分不抽芽等影响胶园林相整齐度的问题。同时，由于采用带土定植，植后恢复生长较快，缩短了苗木大田定植后的缓苗期。

袋育芽接苗根易盘曲，土柱易散。育苗袋为圆柱形容器，根系生长到袋底时极易发生盘绕弯曲的现象，大田定植后影响苗木生长和抗风能力；苗木培育需大量不可再生的农田表土，苗圃地常年育苗往往导致营养土质量下降，再加上运输、定植等操作的影响，土柱的结团性较差，易松散，影响苗木根系活力，进而影响定植成活率（图2-1）。

### 2.技术要点

品种方面：为了保证苗木品种纯度，苗木品种的鉴定需要专业人员，避免因苗木问题带来的后期对胶园管理、产量等诸多不利影响和不必要的损失，建议生产单位和种植户到有资质的苗木基地购买橡胶树优质苗木。

外观方面：出圃时选择植株健壮、无病虫害、愈合良好、皮部和叶部无损伤的苗木。一般情况下，接穗抽出第2蓬叶或第2蓬叶以上时，顶蓬叶处稳定期至顶芽萌发期的苗木可正常出圃。

图2-1　橡胶树袋育芽接苗

运输方面：运输时要保持容器完整，土柱不折断，不松散，运输条件允许情况下，运输时尽量不叠层，避免运输过程中苗木根团相互挤压。

说明：袋育苗的上述技术要求均适用于本手册中所述的袋育籽接苗、袋育组培苗。

## （二）袋育籽接苗

袋育籽接苗在生产上俗称籽苗、籽袋苗或籽接苗，是用真叶刚展开之前的籽苗（实生苗、种子苗，约2周龄）作砧木芽接并培植成一至数蓬叶的容器（全）苗。

### 1.主要特点

自主技术，优选砧木。根据我国植胶区地处热带北缘的气候特点，自主研发橡胶树育苗技术。种子采收沙床催芽至20cm左右时，连同种子一同拔出进行芽接，淘汰因种子质量长势较差的砧木苗。

袋育籽接苗成苗快速。配套研发"绿色小芽条培育方法"培育接穗，无须等待砧木苗生长一年后再进行芽接，缩短整个橡胶树育苗周期达12～16个月。

室内芽接，根系完整。将大田"蹲式"高温的芽接改良为室内"坐式"，整个培育过程不存在类似裸根苗的挖苗操作等对根系损伤的现象，苗木保留了砧木苗的全部根系直到大田定植，是一种全苗。

### 2.技术要点

袋育籽接苗在苗木选择、定植方面除了要参照袋育芽接苗的"品种""外观""运输"和"定植"技术要点外，还应注意大田定植后，苗木较纤弱，植后1～2年内要加强抚管（图2-2）。

图2-2　橡胶树袋育籽接苗

### （三）袋育组培苗

袋育组培苗在生产上俗称组培苗、体胚苗或自根幼态无性系，是指由体胚直接萌发而形成的植株栽种在营养袋中培植成一至数蓬叶的全苗。

#### 1.主要特点

世界首创，试管培养。世界上首次突破了橡胶树自根幼态无性系（组培苗）规模化繁育技术，苗木培育不经过芽接过程，不受砧木基因型差异影响，苗木整齐一致。

去分再分，返老还童。苗木组培过程中通过去分化、再分化等过程可重新回到最初的胚胎状态，使苗木发育状态由老态转变为幼态，生势旺盛。

林相整齐，速生高产。苗木大田植后生长速度快，林相整齐，根据目前已有产量数据，相比芽接苗，组培苗可增产15％～30％（图2-3）。

#### 2.技术要点

袋育组培苗在苗木选择、定植方面除了要参照袋育芽接苗的"品

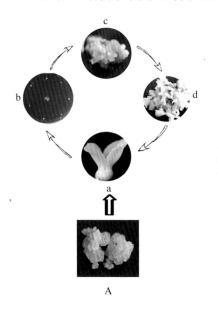

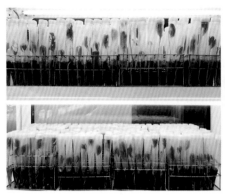

图2-3 橡胶树袋育组培苗

种""外观""运输"和"定植"技术要点外，还应注意适当深种。由于组培苗培育过程省去了芽接环节，出圃的苗木没有砧穗结合部，定植时若茎干变褐色可适当深种，增加苗木定植后的抗风能力。

# 二、小筒苗

小筒苗是橡胶树容器苗的一种，指在小圆锥形筒状控根容器（小圆锥形筒尺寸为上口径6～8cm，下口径1.2～2.0cm）中悬空培育的容器苗。

### 1.主要特点

自主创新，根团育苗。采用小型化育苗容器，该容器上口径约6cm，下口径约1.2cm，高36cm，类似锥形。建立"根团"，采用离地培育，利用空气修剪和控根技术诱导根系生长。

再生基质，苗轻质优。育苗基质采用少量表土或以椰糠等可再生材料为主，基质使用量仅为袋苗的1/3左右，单株重为袋苗的1/8左右。

根长可视，主根统一。实现了出圃苗木根系的"可视化"，容器底部无根系窜出判定为不合格苗木，不能出圃。苗木根系发达，主根长度大于36cm。

## 2. 技术要点

小筒苗在筒底有少量根系穿出时，根团形成，才可以出圃。

## 3. 小筒苗分类

橡胶树小筒苗与袋育苗类似，根据装筒材料培育方式的差异，相应可分为：芽接小筒苗、籽苗小筒苗和组培小筒苗3种（图2-4）。

（1）芽接小筒苗。芽接小筒苗在生产上俗称芽筒苗，是指采用绿色芽接技术，芽接成活后在小圆锥形筒状控根容器中悬空或触地培育的容器苗。

（2）籽苗小筒苗。籽苗小筒苗在生产上俗称籽筒苗，是指采用籽苗芽接技术，芽接成活后在小圆锥形筒状控根容器中悬空培育的容器苗。

（3）组培小筒苗。组培小筒苗在生产上俗称组培筒苗，是指采用组培沙床苗在小圆锥形筒状控根容器中悬空培育的容器苗。

芽接小筒苗　　　　　　　籽苗小筒苗　　　　　　　组培小筒苗

图2-4　小筒苗分类

# 第四节 定 植

## 一、袋育苗定植技术

橡胶树袋育苗采用的定植技术见图2-5。

| 定标完成 | 挖定植穴 | 调整深度 |
| 修剪根系 | 一次回土 | 二次回土 |
| 三次回土 | 定植完成 | 淋定根水 |

图2-5 橡胶树袋育苗定植技术操作过程

（1）挖定植穴。在定标完成的定植点或标签点（定标时通常插有定标标签）上用锄头或铲将填好表土的定植穴小土堆中间挖开一个宽约30cm、深约40cm的苗木植穴。

（2）调整深度。先将苗木放入植穴中比试拟种植深度，芽接苗要求芽接位点在林段地平线上方2～3cm（约2～3指）。

（3）修剪根系。用枝剪或削刀等工具将育苗容器底部穿出的根系修剪平整。

（4）放入苗木。用刀、剪等工具从营养袋底部将营养袋底对半割开，剥开底部塑料薄膜至根团约1/3处，将苗木放入小植穴内。

（5）一次回土。回少量土至苗木四周，压实，注意不能压根团（土柱）。

（6）二次回土。再剥营养袋至根团约2/3处，再回土，再压实。

（7）三次回土。剥离营养袋，再回土至苗木根茎处，再压实。

（8）淋定根水。做土窝、淋水等。

橡胶树袋育苗大田定植"脱袋"示意见图2-6。

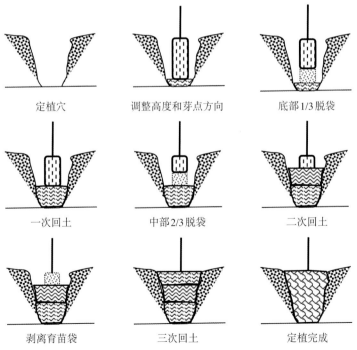

图2-6　橡胶树袋育苗大田定植"脱袋"示意（透视图）

注意事项：

（1）避免在地表高温、烈日暴晒时定植，若地面较干时定植前要淋水润湿定植穴。

（2）定植完成后用小土块或石块将营养袋压在一边：一是方便回收处理；二是避免风被吹至苗木茎杆处高温烫伤（死）新植幼嫩茎杆。

## 二、小筒苗定植技术

橡胶树小筒苗可采用"捣洞法定植技术"进行大田定植，提升定植效率，减轻大田定植劳动强度。技术要点如下（图2-7）。

（1）回土。先用松散的表土对植穴回土，回土至使植穴土表略高出原土表面2～3cm。

（2）植穴整理。用捣洞器对定植点表面稍作整理，防止松散表土落入捣好的植洞内。

（3）捣洞。（在土壤略湿润时）将捣洞器的捣锥（大小和形状与小筒苗容器形状相当）对着植穴中间处，用脚踏捣洞器脚架垂直向下用力，捣出一个大小和形状与小筒相当的小植穴（洞）。

（4）脱筒。芽接小筒苗脱筒时，可直接用手握住苗木砧木，适当用力拔出整株苗木。

籽苗小筒苗脱筒时，食指和中指夹住小筒苗的根茎处，将手掌捂住小筒顶部并将小筒倒置，用力向下甩动小筒，使根柱略脱离筒壁后将筒顶朝上，用食指和中指夹住小筒苗根茎处将根柱从筒内垂直提起。

组培小筒苗定植时，若苗木茎杆相对较细，可参照籽苗小筒苗脱筒方法；若苗木茎杆相对较粗，可参照芽接小筒苗脱筒方法。

（5）放苗。脱筒后苗木若根柱完整，则将其垂直插入小植穴（洞）中，并用尖物或捣洞器尾部在小植穴四周的泥土上戳几下，使根系与土壤充分接触。

（6）做窝。做土窝、淋定根水等。

回土　　　　　　　　　　捣洞1　　　　　　　　　　捣洞2

脱筒1　　　　　　　　　　脱筒2　　　　　　　　　　脱筒3

放苗　　　　　　　　　　　　　　　做窝

图2-7　橡胶树小筒苗定植技术部分操作过程

注意事项：

（1）小植穴一定要捣得够深（深度≥35cm），如不够深，根柱无法放入植穴内，而导致部分根系暴露地面上，影响定植成活和植后生长。

（2）脱筒时"三垂直"。一是脱出根柱时先将小筒顶部朝下垂直于地面；二是垂直向下用力甩动小筒使土柱或根柱与小筒脱离；三是将小筒顶部朝上，垂直向上将苗木从小筒中提出来。注意切不可从水平方向拉出根柱。

（3）根柱放入小植穴（洞）后不要用力踩小植穴，更不要踩根柱，应用一尖物在小植穴（洞）四周戳几下，将泥土挤压到根柱四周，使根柱与土壤接触即可。

（4）植穴泥土过于干燥时可先淋少量水使之湿润。

（5）若土壤质地过于松散，或过黏、水分太多，或石块多而无法捣洞，不适宜采用捣洞法定植技术，可按袋育苗定植方法进行定植。

（6）定植时完全脱筒，苗木合格，若根团不完整，视为不合格苗木，应放弃该单株苗木。

# 三、定植注意事项

### 1.早春定植

建议在每年早春（每年农历清明节过后不会出现"倒春寒"情况下）尽早定植，这样苗木大田定植后可延续苗圃内的生长状态，一般当年可恢复正常生长至5～6蓬叶，对台风和当年冬季低温抵抗能力较强。

### 2.分类定植

建议大田定植时根据苗木长势高低情况结合胶园地势、土壤肥力等分类分片定植，做到因地选苗、大小分类，粗大的苗木通常可定植于山顶，矮小的苗木可定植于山脚。同一林段内，壮苗定植于相对地力较弱的区域，相对细小的苗木定植于地力相对较好的区域。

### 3.芽点朝向

芽接苗定植时要注意芽点（接穗）所朝的方向。在平缓地常风区，芽点应统一背向常风方向；在平缓地无常风区，芽点应统一朝向东面；在山坡地，芽点应朝向上坡方向（通常为环山行内侧）（图2-8）。

总体来看，不同类型的橡胶树容器苗虽培育过程不同，但苗木大田定植后前3年都是关键时期，要及时进行苗木补换、施肥、胶头覆盖等作业，保证开割胶园林相整齐。

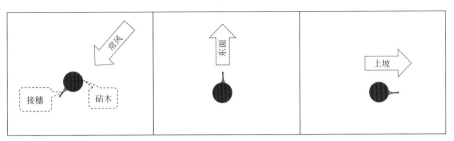

平缓地常风区　　　　　　平缓地无常风区　　　　　　山坡地

图 2-8　芽点朝向（俯视图）

# 第三章 CHAPTER 3

# 胶园管理

## 第一节　树体管理

根据橡胶树生长、产胶的特点，胶园可分为幼龄胶园、中龄胶园和开割胶园3种，分别对应橡胶树个体建成、群体建成和产胶的重要时期。

橡胶树定植前3年为幼树期，第4年到开割前为中龄树期阶段。定植当年，因苗木养分贮存不多，根系不够发达，而定植后要抽芽长叶，需要消耗大量水分和养分，水分和养分不足会影响或抑制接芽或幼树生长，甚至回枯、死亡，还可造成接芽损坏长成实生树。因此，定植当年抚管工作非常重要，且其管理成效对后期的胶园林相及胶树生长、产胶均有重大影响，是建设优质胶园的关键环节。定植后2～3年，橡胶幼树虽已成活，但树体幼小，株间竞争不大，是促进弱小树体生长、开展补（换）植、提高胶园林相整齐度和保苗率的重要时期。至中树期，橡胶树植株初步长成，主要开展胶园除草、施肥以及必要的灾害防控等工作，以保证胶树旺盛生长。

## 一、幼树树体管理

幼树期主要是要保全苗、促壮苗，培育良好的干形和林相。这个阶段的树体管理主要包括抹芽修枝、补（换）植、护芽保苗等。

### 1.定期抹芽修枝，培育良好的干形

胶树每次抽芽长叶都会消耗大量养分，及时抹芽可以减少不必要的养分消耗。因此，定植后的1周至2个月内，第5～7天巡查第一次，其他时间2～3周巡查一次，发现砧木芽和多余的接穗芽马上从基部摘除，要培养2.5～3.0m圆直平滑的树干，及时剪除2.5m以下的侧枝，保留2.5m以上的自然分枝（图3-1）。

图3-1 修枝前后及树体管理合理的橡胶树

芽接桩的砧木芽往往先于接芽萌发，要及早抹除。若芽接桩的接片上长出多个芽，只选留一个壮芽；高截干可保留茎干顶部的全部萌芽，抹掉其他部位的芽，以便让其尽早形成树冠，以后任其自然疏枝，若出现偏冠等再做修剪。其他苗木，如果回枯到未来割面（离地高约2.5m以下）部位，或在未来割面部位抽芽的，都只选留一个着生角度小、部位高的壮芽重新培养树干，其他芽及早、全部抹除。

抹芽或修枝时，一般用利刀从芽或枝条的基部下方斜向上拉将其连同"芽根"一起切除，减少再次萌发，并利于培养光滑笔直的树干。

### 2.及时补（换）植，做到保全苗

橡胶树一般亩植30～40株，以常用的亩植33株计，若缺苗或落后苗有3株，会持续减产10%以上，直接或间接降低了整个生产周期的植胶生产效益。因此，生产上要求定植当年的保苗率达100%，2～3年保苗率达98%以上，4年以上的保苗率应在95%以上。

及时补（换）植是确保高保苗率和林相整齐的重要措施。定植当年后2～3个月时应巡查胶园，发现因缺株、弱株或非指定品种植株及病虫害和自然灾害所致的无法恢复株时，应尽早用同品种苗木进行补（换）植。定植当年后8～9个月应再次巡查，用相同品种较大植株的苗木进行补（换）植，确保当年苗的保苗率达100%，同时提高苗木整齐度。定植后第2年早春，应用同品种的大袋苗或高截干苗替换缺株、弱株，在8～9月再一次补（换）植，确保保苗率在98%以上。定植第3年早春可用同品种大苗再做一次补（换）植。另外，因补（换）植的苗木会受到附近植株的抑制最终多数成为无效株或迟效株，一般不再进行补（换）植。

### 3.做好护芽保苗

护芽保苗是提高保苗率和林相整齐度的重要辅助措施。在有大型动物或家禽、家畜活动的地方，在定植之前或定植时应挖好防牛沟或修筑围篱等防止其危害苗木，尤其是从芽接桩抽的嫩芽。一些苗木由于茎干细软导致植株歪斜，或由于受到台风吹袭引起倒伏，可用各种支撑物将歪斜、倒伏植株撑直，或用绳索将新茎干捆绑在树桩上。其中应注意避免支撑物、捆绑物损伤茎叶。

### 4.合理修枝整形

①修枝整形可以促进树干生长，培育良好割面，有利于形成整齐的林相。在植后第2年起应对幼树的部分霸王枝、易造成树木偏冠倾斜的分枝进行修剪，培育良好割面。对树干上约2.5m高以下的萌芽、分枝及时全部抹除。②促进树冠平衡。在早春落叶后抽芽前，对霸王枝、偏冠枝、重叠枝等进行回截，控制其生长。霸王枝、偏冠枝的回截长度以能均衡树冠为度，重叠枝一般回截至分枝处。③若相邻植株优势

太大时，在对弱株多施肥的基础上，可将相邻植株部分枝叶修掉，减少其遮蔽抑制作用，促进株间均匀生长，提高胶园林相整齐度。

### 5.加强弱小苗管理，提高林相整齐度

应加强弱小植株管理，对弱小植株适时补（换）植或在雨季增加施肥次数和施肥量，促进其生长，提高胶园林相整齐度。

## 二、中龄树和开割树树体管理

胶园里的中龄树和开割树，树干和分枝已经基本形成，树体管理较为简单，主要围绕割面的维护，以及方便割胶和受害树的管理展开。

### 1.树体管理

树干2.5m以下的位置是橡胶树割胶的重要部位，中龄树和开割树的树体管理一定要保护好这一范围内的树皮，保证这个部分没有木龟、木瘤，没有受到机械损伤，防止小蠹虫、条溃疡等为害。如果发现大面积的木龟、木瘤，可以用割胶刀等及时切除；发现树身上有蚁巢、较厚绿藻等影响树皮的障碍物，需要及时清除；冬季应使用割面保护剂等对割线上方5～10cm的割面进行涂封，防止发生寒害。如果发生风、寒、旱害，应采取相应的处理措施。

### 2.受害树树体的管理

每次风害、寒害、旱害后，胶园会出现不同程度的受害树，但并不是所有的受害树都要做处理，受害后应对受害胶园进行全面调查，根据受害情况采取适当措施，及时进行处理。另外，部分地区的橡胶树树体还会受到桑寄生、薇甘菊、小蠹虫、炭疽病等的危害，若发现相关受害树，应根据当地环境和受害树状况对其进行及时处理。具体处理方法见第五章相关章节。

## 第二节　胶园土壤管理

胶园土壤管理是指对橡胶园胶树行间、株间（也称植胶带）及树

头土壤进行合理的科学管理。土壤是橡胶树生长发育的基础，更是树体获取养分和水分的主要来源。土壤管理的好坏直接影响橡胶树的生长、橡胶产量甚至影响天然橡胶的性能和品质。我国橡胶园多处于丘陵、山地，胶园土壤易受雨水冲刷流失，导致土壤地力衰退。因此，土壤管理是橡胶树栽培中重要的管理环节之一。胶园土壤管理一般分为两类：幼龄胶园土壤管理、中龄及成龄胶园土壤管理。

# 一、幼龄胶园土壤管理

树头土壤管理根据幼龄胶园土壤裸露面积大，胶树行间和植胶带都有较大面积土壤直接暴露于自然降水和太阳辐射下等特性，幼龄胶园土壤管理主要目标是防止水土流失、改善土壤性状、培肥土壤和抑制杂草生长等。

## 1.树头土壤管理

树头土壤管理主要目的是改善植穴周围土壤理化性状，防止根圈土壤流失，促进根系向纵深发展。主要包括两项措施：一是扩穴改土，二是根圈覆盖。

（1）扩穴改土。植后前3年，每年扩穴改土1次，实行植穴3面扩穴（植胶带外缘除外）。具体做法是沿植穴的外缘挖长80cm、宽20cm、深40cm的马丁形穴（图3-2），结合施用有机肥料10kg和加盖青草料15kg。

第一年扩穴位置及规格

第二年扩穴位置及规格

第三年扩穴位置及规格

图3-2 幼龄胶园扩穴改土示意

（2）根圈覆盖。在植胶带的根圈（离树头1m半径范围为外圈，离树头15cm半径范围为内圈）内铲除杂草，松土5～10cm，然后利用除下的杂草或行间控萌材料围绕树头进行环状覆盖（图3-3）。

图3-3 幼龄树根圈盖草示意

### 2.植胶带土壤管理

植胶带土壤有两种管理方法，定期进行杂草消除和自然生草法。定期进行杂草清除法，即除草和松土结合，利用除下的杂草、行间控萌材料（或农用地膜）进行地表覆盖。除草作业雨季每1～2个月进行1次，旱季每3～4个月进行1次（图3-4）。自然生草法，即保留原生植被，但需要控制杂草生长高度小于10cm，并且除净恶草、小竹子、杂木等（图3-5）。

图3-4 胶园植胶带清除杂草管理

图3-5　胶园植胶带自然生草管理

### 3.行间土壤管理

胶园行间土壤管理主要有如下方法：保留自然植被法、种植覆盖作物法和种植经济作物法等。

保留自然植被法（图3-6）就是在行间保留野生杂草、灌木等自然植被，但需要定期（雨季每1～2个月、旱季每3～4个月）对其生长进行控制，生长高度一般不超过50cm，并且要砍除高大的杂木，清除茅草、小竹子和有刺植物等妨碍胶园管理的植物。

种植覆盖作物法（图3-7）就是在橡胶园行间清除杂草后，人工种

图3-6　胶园行间保留自然植被

植合适的植物，以覆盖和保护胶园土壤、控制杂草的土壤管理办法。植物种类宜选用爪哇葛藤、蓝花毛蔓豆、毛蔓豆、卵叶山蚂蟥等多年生豆科植物，其具有生长速度快、生物量大、适应性强、枝叶养分含量高和自身能固氮等多种优良特点，是幼龄胶园土壤管理的良好方法。唯一缺陷是目前优良覆盖植物多是攀援性植物，其生长过程中会缠绕橡胶树，需要进行定期巡查和管控，否则影响橡胶生长。

图3-7 幼龄胶园种植覆盖作物

## 二、中龄及成龄胶园土壤管理

橡胶树生长到中龄和成龄后，具有胶树树冠增大和林相荫蔽、地下根系庞大、纵横密布等特点，因此，土壤管理必须采取与幼龄胶园完全不同的措施，其主要作业内容包括控制林下植被、维修梯田和培土护根、改良局部土壤与培肥。

### 1.林下植被控制

林下植被控制应定期采用人工刀砍或机械割除的方式，控制杂草、灌木的萌生高度在20～50cm内。其中植胶带控制不超过20cm，行间不超过50cm为宜。对茅草类恶性杂草、大乔木和有刺植物，应予彻底挖除。

### 2.梯田维修和培土护根

梯田维修和培土护根应在冬春季节进行，即对原有的植胶带面、土埂、沟渠等水土保持工程进行完善和维护，同时对暴露在地面的根系进行培土。作业时宜挖取梯田内壁土壤进行修补和培土护根，把主根根茎交接点或芽接点埋在土内。

### 3.局部土壤改良与培肥

局部土壤改良与培肥是指定期换新位置（3 ~ 5年换新位置），对一定面积的成龄胶园土壤进行开沟深翻以熟化土壤、沟施有机肥和新鲜草料以培肥土壤为主的管理措施（图3-8），具体作业措施因地形和坡度不同所采用方法也有所差别。地形比较平缓的成龄胶园，离树头2m的距离，隔株挖掘长、宽、深分别为2m、0.6m、0.5m的深沟，挖出的土放于沟下方，形成土埂。丘陵山地在两株树间靠近梯田内壁挖

图3-8　成龄胶园局部土壤改良和培肥

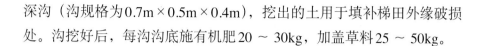

深沟（沟规格为0.7m×0.5m×0.4m），挖出的土用于填补梯田外缘破损处。沟挖好后，每沟沟底施有机肥20 ～ 30kg，加盖草料25 ～ 50kg。

## 第三节　橡胶树营养与施肥

### 一、橡胶树营养

#### 1.橡胶树必需的营养元素

长期研究和大量生产实践证实，橡胶树所需营养物质（营养元素）有16种，即C（碳）、H（氢）、O（氧）、N（氮）、P（磷）、K（钾）、Ca（钙）、Mg（镁）、S（硫）和B（硼）、Fe（铁）、Mo（钼）、Cu（铜）、Zn（锌）、Mn（锰）、Cl（氯）。这些营养元素是胶树每年抽叶、长枝、树干增粗、生根、开花结果以及合成胶乳等生命活动得以正常维持的保证，其不论数量多少，在橡胶树体内都是同等重要的，任何一种营养元素的特殊功能不能为其他元素所取代，故称为必需营养元素。

#### 2.营养元素性质及分类

必需营养元素按照橡胶树需要量的大小，可分为大量营养元素和微量营养元素。大量营养元素包括碳、氢、氧、氮、磷、钾、镁、钙和硫，微量营养元素包括铁、锰、铜、锌、钼、硼、氯。必需的营养元素按照来源不同又可分为矿质元素和非矿质元素，其中碳、氢、氧不属于矿质养分，橡胶树从空气和水中获取，其余的是矿质养分，橡胶树从土壤和肥料中摄取。橡胶树对氮、磷、钾养分需要量大，通常土壤中相应有效态养分含量低，往往需要通过施肥才能满足橡胶树所需，因此俗称"肥料三要素"。

### 二、胶园土壤养分循环

胶园土壤养分虽是橡胶树营养的最主要来源，但其在输入和输出之间是不断循环和动态变化的，而非一成不变的。为维持和提升胶园土壤肥力，满足橡胶树生长和产胶所需，胶园养分循环中输入和输出应至少需要保持平衡，最好是输入大于输出。

### 1.胶园养分输出

胶园养分输出主要包括橡胶树生长过程中固定在树体内的养分，胶园地被植物生长吸收和固定的养分，胶园土壤淋溶和径流损失的养分，伴随胶乳收获而移出的养分。

### 2.胶园养分输入

胶园土壤养分输入主要包括橡胶树枯枝和落叶归还的养分、降雨带来的养分、生物固氮留存的养分、人工施肥添加的养分。

## 三、橡胶树施肥

橡胶树要实现速生、早投产和高产稳产，单依靠土壤自然肥力提供的养分是不够的，必须额外施用肥料（包括有机肥料和无机肥料）。而在施肥时，又必须按照胶园土壤肥力特点、各种肥料性质、橡胶树营养需求及生长发育规律来施用，才能发挥肥料最佳效应。

### 1.施肥基本原则

橡胶树施肥遵循的主要原则：①有机肥料和无机肥料（化肥）结合，有机肥料作基肥可一次性施用，化肥作为追肥宜分次施用；②大量元素和微量元素肥料配施，且大量元素肥料宜采用土施，微量元素肥料宜采用根外施用（最好与刺激剂或增产剂复配涂施）；③不同生长阶段和生长季节应采用差异化施肥措施。

### 2.有机肥料施用

橡胶树施用有机肥料，可选择各种农家肥、有机商品肥料和压青料，结合胶园土壤管理实施，一般不单独施用。幼龄树每年每株施用有机肥料10kg，中龄树每年每株施用有机肥料10～20kg，成龄树每年每株施用有机肥料20kg以上，其基本施用情况如前所述。

### 3.无机肥料施用

（1）幼龄树施肥。橡胶幼龄树施肥主要以满足树体生长积累养分为目的，施肥以氮、磷肥为主，但更新胶园要注意钾肥的使用。

施肥种类及数量：每年每株施用氮肥（尿素）0.20 ~ 0.30kg、磷肥（钙镁磷肥）0.15 ~ 0.25kg、钾肥（氯化钾）0.05 ~ 0.15kg。具体施肥数量随着树龄增长逐年加大，也可根据胶园土壤肥力高低进行适当调整。

施肥时间及次数：尿素分4 ~ 6次施用，原则是胶树每抽生一蓬新叶前，就施用1次肥料；磷肥和钾肥可分1 ~ 2次施用，施肥时间宜在下半年入冬前，与当年最后一次施用尿素时同步施用。

施肥位置及深度：沿幼树树冠投影外侧开半环形沟或条形沟（长、宽、深分别为60cm、20cm、20cm）按量施用肥料，施肥后盖土。

（2）中龄及成龄树施肥。中龄树施肥主要以满足树体生长固定所需要的养分为主，成龄树施肥主要以满足橡胶树生长、胶乳合成及产胶消耗等所需要的养分为主，施肥时需要注意氮、磷、钾、镁和微量营养肥料配合施用。

施肥种类与数量：从4龄到开割前，每年每株施用氮肥（尿素）0.35 ~ 0.55kg、磷肥（钙、镁、磷肥）0.30 ~ 0.45kg、钾肥（氯化钾）0.20 ~ 0.25kg，每年施肥数量随着树龄增长而逐年加大。开割树，每年每株施用氮肥（尿素）0.60 ~ 0.90kg、磷肥（钙、镁、磷肥）0.50 ~ 0.75kg、钾肥（氯化钾）0.30 ~ 0.40kg，实际施肥量可在此范围内根据产量及土壤肥力的高低进行适当调整。

施肥时间及次数：全年施肥分2 ~ 3次施用。第1次施肥在3—4月，施用量占全年肥量的50%；第2次施肥在6—7月，施用量占全年肥量的30%；第3次施肥在9—10月，施用量占全年肥量的20%。

施肥位置及深度：在离胶树基部1 ~ 2m外行间位置，施肥深度为20 ~ 30cm。

施肥方式：开长1m、宽0.4m、深0.2 ~ 0.4m的沟，并向沟中施肥，施后用土壤、杂草和落叶将其覆盖。如胶园挖有压青穴和通沟，肥料也可施放于其中，施后同样需要回土覆盖。

# 第四章 CHAPTER 4
# 采　　胶

## 第一节　采胶的基础知识

采胶是橡胶生产的重要环节，是指切割橡胶树的树皮、获取乳汁的操作过程。采胶的基础知识包括橡胶树产胶部位、产排胶基本理论等，是进行科学采胶的重要基础。掌握采胶的基础知识有助于理解采胶技术要点和措施的内涵，提高生产者对采胶技术问题的分析和解决能力。本节从橡胶树乳管、树皮结构、产胶和排胶等方面简单介绍采胶相关的基础理论知识，增进本书后续章节的理解，促进橡胶生产者的采胶技术水平提升，为实现橡胶树的高产、稳产提供理论依据。

### 一、乳管与采胶的关系

乳管是橡胶树的产胶组织，广泛分布在橡胶树树干、树枝、叶片、花、果、种子等器官或组织中。目前，生产上主要在橡胶树2m以下树干上采胶，因此，树干乳管是影响采胶和产量的最重要的结构。采胶生产期的树干乳管主要由形成层细胞分化产生的次生乳管组成。它以同心圆层（乳管列）的形式排列于树皮韧皮部中，不同列乳管层相互不连接，同一列乳管形成网状结构乳管网络（图4-1）。乳管网络与树干的中轴成2°～7°的夹角，从左下方向右上方螺旋上升。为获取较高的产量，割线方向设计为左上方斜向下方，以便于割破更多的乳管（图4-2）。

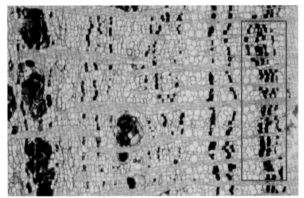

乳管列　　　　　　　　　　　　　　　乳管网络

图4-1　橡胶树的乳管解剖结果

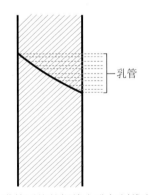

图4-2　乳管网络的螺旋上升与割线方向设计

## 二、树皮与采胶的关系

橡胶树的树皮由周皮、韧皮部和形成层等部分组成。胶工为掌握割胶深度，根据实践经验将树皮从外到内划分为粗皮、砂皮、黄皮、水囊皮、形成层等5个肉眼可以辨认的层次（图4-3）。粗皮位于树皮的最外层，由木栓层、木栓形成层及栓内层构成。木栓层为死细胞，起保护树皮内部组织的作用。原生皮的栓内层较薄，含有叶绿体，呈绿色。再生皮中栓内层较厚，含有花青素，呈现红色。砂皮在粗皮内面，占树皮总厚度的70%左右。砂皮中石细胞很多，乳管很少且排列不整齐，产胶能力低。黄皮在砂皮内侧，占树皮总厚度的20%左右，皮质略带黄色。黄皮中乳管很多，排列整齐，产胶能力强，是胶树产胶的重要部位。水囊皮位于黄皮内侧，有很多筛管和几列未成熟的乳管，厚度通常不超过1mm。水囊皮的细胞壁薄、腔大，含有丰富的水分和营养物质。形成层位于水囊皮和木质部之间，具有分生能力，向外分生成树皮及其乳管，向内分生成木质部。

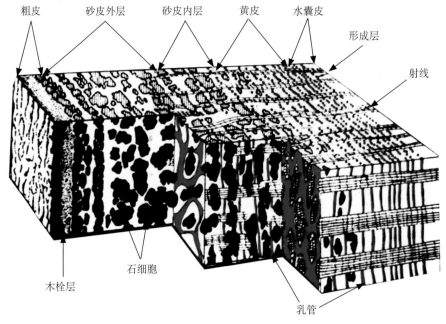

图4-3　橡胶树树皮层次及其乳管分布

　　不同的无性系树皮的层次厚度、乳管数量和分布等结构特征方面都有其特点，了解这些特点对于指导采胶具有重要意义。基本原则是掌握适宜的深度，在不伤树的情况下，切断足够乳管列以获取较高的产量，如与RRIM600相比，PR107乳管列更靠近形成层，需适当深割才能高产，但也要注意不要伤及形成层，否则会影响再生皮的恢复，并会使割面产生伤瘤。

## 三、产胶与采胶的关系

胶乳是乳管细胞中的胶体细胞质，含各种细胞器和粒子。胶乳的主要成分是水（占比55%～75%）、橡胶（占比20%～40%）和各种非橡胶物质，如糖类、蛋白质、脂肪类、有机酸、无机盐、酶类、核酸等。胶乳的形成过程极为复杂，包括橡胶、蛋白质以及各种细胞结构的分子形成过程。胶乳生成受许多因素的影响，包括遗传特性、土壤状况、气象要素、抚育管理措施、采胶强度等。合理的采胶强度能够提升乳管细胞的代谢强度，促进胶乳生成，但过度采胶会造成不可逆的障碍，影响胶乳的生成，甚至引发死皮。采胶生产中，干胶含量是指胶乳中橡胶的含量（占胶乳的重量百分率），是反映胶乳生成能力的重要指标。对采胶过程中的干胶含量进行监测，如果指标能够快速恢复或维持在一定水平，表明采胶强度合理，反之则不然。

## 四、排胶和采胶的关系

橡胶树的乳管被割断或受到机械损伤后，胶乳溢流而出，这种现象称为排胶。正常排胶分为初始、平衡和停排3个时期。初始期在乳管细胞膨压的作用下胶乳涌流而出；平衡期随着膨压下降，水分从周围组织渗入乳管，借助稀释作用保持一定的排胶压力，水分平衡维持排胶；排胶一段时间后，水分不足引起胶乳浓缩，割线乳管口末端形成0.1～0.2cm的胶塞，最终停排。当下一次割胶切片超过胶塞厚度即可解除堵塞作用激发再次排胶。橡胶树皮的乳管列是上下连通的，因此，排胶会引起割线周围一定范围乳管中胶乳发生稀释作用，称为排胶影响面。在阳刀割胶的情况下，排胶影响面以割线下方为主，割线上方范围小，垂直长度一般在150cm左右。两侧排胶的范围各等于垂直长

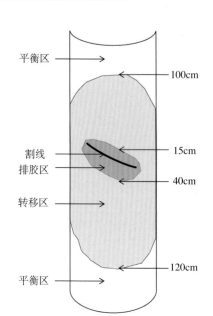

平衡区

100cm

割线
排胶区

15cm

40cm

转移区

120cm

平衡区

图4-4　排胶影响面

度的1/9左右（图4-4）。排胶影响面的大小与产量呈正相关,高产树的排胶影响面比低产树的排胶影响面大,而乙烯利刺激割胶可以扩大排胶影响面。正确理解排胶过程,可有效地控制和调节排胶强度。

橡胶树排胶受乳管结构、天气条件、物候等因素影响。树皮饱满,乳管连接好,则排胶效率高,产量高。反之则排胶影响面小,导致产量下降,一般下降15%左右。当气温为19～24℃时,对橡胶树排胶有利,低于18℃时排胶时间延长,高于27℃时胶乳易早凝,便会缩短排胶时间。相对湿度低于60%时,排胶就会受到抑制。干旱的热风易导致水分过量损失,促使胶乳早凝,缩短排胶时间。

## 第二节　开割与停割

### 一、新开割树的开割标准

橡胶树作为多年生经济作物,栽培生产分为非生产期和采胶生产期,开割即表示橡胶树进入采胶生产期。科学确定开割标准,并进行割面的合理规划,对其短期经济效益和长期经济效益都有直接的影响,是保证可持续采胶生产的前提。

1.开割标准

橡胶树开割标准以树围为主,树龄为次。一般植胶区,当芽接树离地100cm处,树围大于等于50cm,即单株胶树达到开割标准（图4-5）;同林段中符合开割标准的株数占总株数（即开割率）的比例达到50%时,

离地面100cm

树围≥50cm

图4-5　橡胶树的树围测量

该林段可开割。重风、重寒地区及树龄超过12年的林段，树围达45cm、开割率达50%时，该林段亦可开割。林段开割后第3年全部植株开割。

2.割面规划

割面规划包括割面高度、割线设计、树皮消耗、割线轮换等。基本原则是保证胶树整个生产期有足够树皮可供割胶；割面有足够的排胶影响面，避免出现"吊颈皮"（同侧树皮上，上下割面之间因开割高度不同而形成的一段树皮）（图4-6）；方便胶工割胶，有利于提高割胶

图4-6　吊颈皮

效率，降低割胶成本。目前与采胶技术相结合进行割面规划，具体规范方法参照本章第三节。

3.开割高度

开割高度即芽接树新开割面、割线下端离芽接位的高度为130～150cm（图4-7）。重风、重寒地区胶树的开割高度为120cm。开割前3年达到开割标准的胶树相继开割，后来开割的高度应与已割胶的胶树割线高度一致。

离芽接位
130 ～ 150cm

图4-7 开割高度及第一割面

4.第一割面方向

新开割线决定割面方向。从方便胶工割胶的角度考虑，平缓林段的割面朝向应与行走方向平行（图4-8）；山地林段的割面朝向与环山行走方向垂直，第一割面割线开在环山行的外侧，第二割面割线开在

割面朝向

图4-8 平缓林段的割面朝向

环山行的内侧。同一林段内，割线方向应一致。

5.割线类型

割线类型分为阳刀割线和阴刀割线。阳刀割线的割口面朝上，割胶时切割割线下方的树皮（图4-9）；阴刀割线的割口面朝下，割胶时切割割线上方的树皮（图4-10）。阴刀割线的产量比阳刀割线高，但可用树皮较少。通常投产后先采用阳刀割胶，后期根据生产实际和需求，转换或增加阴刀割线割胶。

图4-9　阳刀割线斜度

图4-10　阴刀割线斜度

### 6.割线斜度

割胶时，阳刀割线与下水平线夹角为25°～30°（图4-9），阴刀割线与下水平线夹角为40°～45°（图4-10）。

## 二、采胶生产的开割期确定

叶片老化是橡胶树开割生产的重要标志（图4-11）。云南植胶区第1蓬叶稳定转绿的植株达70%以上，该林段可开割；海南、广东植胶区第1蓬叶老化植株达80%以上，该林段可开割。仅割叶片老化株，余下未开割树视叶片老化程度分批开割。一株树有多种物候，已稳定老化叶（含越冬不落叶）占总叶量80%以上，列为可割株。

图4-11　叶片老化的胶园

## 三、开割准备与操作

### 1.新开割胶园林谱建立

对新开割投产的胶园，必须在开割前一年的年底进行全面普查，对达到开割标准的胶树进行逐株编号登记，统计开割株数和开割率。按每个胶工可负担的割胶面积或株数划分好树位，按树位建立开割胶园林谱档案。

**2.割胶物资准备**

割胶物资包括胶刀、磨刀石、胶刮、胶线筹、收胶桶、胶舌、胶杯、胶架、胶灯和氨水瓶等。使用传统胶刀开展割胶作业，宜选用刀口锋利、平齐的小圆杆胶刀（刀胸直径为0.16～0.20cm），严禁使用三角刀（图4-12）。有条件的胶园使用电动割胶刀开展割胶作业。

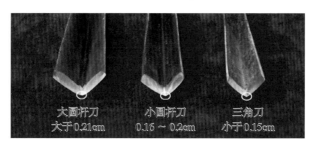

图4-12　小圆杆传统胶刀

**3.割胶技术培训**

新胶工在上岗前必须经过割胶技术培训，考核合格者才能上树割胶。培训内容包括割胶基础知识、割胶操作和磨刀等。老胶工在每年开割前也应进行技术复训考核，其成绩作为技术晋级依据。割胶操作考核参照《橡胶树割胶技术规程》（NY/T 1088—2020），要求割面均匀、深度均匀，耗皮适量，割线顺直，下刀、收刀整齐，伤树少。

**4.开割线**

新开割树采用阳刀割胶，用开模器准确划出割线长度、倾斜度、离地高度，再用胶刀浅开线，并将前后垂线开到底。开线方向自左上方向右下方倾斜（图4-13）。

**5.胶舌、胶杯安装**

胶舌在割线下方约10cm处浅钉，胶杯顶部与胶舌的距离不超过10cm（图4-14）。

**6.防雨帽安装**

安装防雨帽是一项对增产、防病、养树有较好技术效益和经济效益的技术措施，能较好保证割胶刀次。防雨帽宽度不低于9cm，高割线安装防雨帽高出割线5cm，中割线安装防雨帽高出割线20cm左右；阴

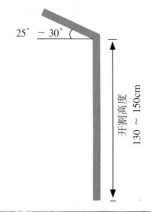

图4-13　开模器开割线

图4-14　胶舌和胶杯安装位置

线安装防雨帽应高出耗皮控制线3cm左右。帽片应保持微翘，不下塌，斜度与割线平行，并遮盖全胶碗和后垂线外10cm（图4-15）。

## 四、采胶生产的停割期确定

通常，橡胶树或胶园有下列情况之一者停割，新开割树应适当提前停割。在广东植胶区，开割的橡胶树前5年即使未出现控制指标，也须在10月底前停割。

（1）单株黄叶（或落叶）50%以上的，单株停割；有50%植株停割，全树位停割。

图4-15 中割线胶树安装防雨帽

（2）早上8时，胶园内气温低于15℃，当天不割；连续出现5天，当年停割。

（3）干胶含量已稳定低于冬期割胶控制线，或年平均干胶含量低于控制线，当年停割（参考干胶含量控制）。

（4）年割胶刀数或耗皮量达到规定指标的停割。

# 第三节　高效安全采胶技术

高效安全采胶技术包括常规采胶、低频采胶、气刺短线采胶等。根据橡胶树的品种特性、树龄和生产条件科学选择合适的技术措施，不但可延长橡胶树的经济寿命，保证橡胶树长期高产稳产；而且能提高采胶劳动生产率，减少采胶劳动投入；达到高产、省工、安全的目标。

## 一、常规采胶

### 1.常规割制

常规采胶是采用半树周隔日割制，不进行刺激（即2天1刀）。

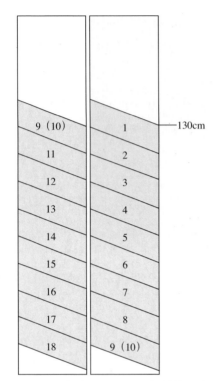

图4-16 半树周阳刀隔日割制的原生
树皮割面规划

### 2.割面规划

割面采用1/2树围单阳线割胶，开割高度为130cm，两个原生皮割面可单阳线采胶18年左右（图4-16）。

### 3.年割胶刀数

海南植胶区年割胶120～135刀，云南、广东植胶区年割胶105～110刀。

### 4.割胶深度

割胶深度指割胶后割口内侧剩余树皮的厚度，即切口内侧至木质部的垂直距离，可使用深度测皮器测量。割胶深度主要根据橡胶树品种产胶特性确定，PR107、GT1、PB86等品种的乳管集中在黄皮内侧，标准割制的割胶深度应大于0.12cm（含0.12cm）；RRIM600、热研73397、热研917、大丰95、云研77-4等品种的乳管集中在黄皮中外侧，割胶深度应大于0.18cm（含0.18cm）。

### 5.耗皮厚度

耗皮厚度指割胶所割去树皮的厚度，标准割制每刀耗皮厚度在0.10～0.12cm，年耗皮量应控制在14cm以内。

### 6.割面转换

由于开割时间不同，导致第一割面高度存在差异，但转换到第二割面时，开割高度应统一为130cm。

### 7.推广建议

常规割制是我国家庭式小胶园广泛采用的采胶技术，1名胶农可承割500～800株橡胶树，年产1.5～4t干胶。建议在小规模的民营胶园中推广，可提高民营胶园的整体割胶技术水平，促进技术规范化和胶农持续增收。

## 二、低频采胶

低频采胶是通过涂施乙烯利刺激橡胶树产排胶来降低割胶频率、减少割胶用工的高效采胶技术。低频采胶根据割线设计、割胶频率的组合衍生出多种割胶制度。为了便于生产技术管理，各割胶生产主体可选择 1 ～ 2 种割胶制度用于采胶生产。

### 1.割面规划

低频采胶的割面规划分为单线割胶和双线割胶的割面规划，包括 1/2 树围单阳线、两条 1/4 阴阳线、1/2 阴阳线每月轮换、1/2 高低阳线每月轮换等，其中 1/2 树围单阳线采胶最常用（图 4-17）。采用双短线或轮换割线采胶，割线可同面，亦可异面（图 4-18），但以不产生吊颈皮或引起排胶影响面重叠为准。两条割线距离不得小于 40cm，阴刀优先使用第一个割面上方的割面，从原生皮最下方开线。单阳线采胶的割面转换与标准割制一致。双线割胶的阴刀开线必须注意割面安排和割胶的时机，一般需到第 5 割年或树围达到 60cm 以上为宜。未列入更新期的胶园切勿随意转线。

### 2.割胶频率

目前我国广泛采用的低频采胶为 3 ～ 7 天割 1 刀割制，其中 3 ～ 5 天割 1 刀称为低频割制，而 6 ～ 7 天割 1 刀称为超低频割制。胶工满

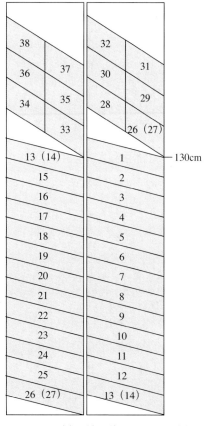

图 4-17　1/2 树围单阳线 5 天 1 刀采胶的割面规划

同面阴阳线                                    异面阴阳线

图4-18　1/4阴阳线割胶

岗可分别承割3 ~ 7个树位，各树位依次轮换采胶。

3.乙烯利浓度

不同品种、割龄、割制等涂施的刺激剂乙烯利浓度不同。根据橡胶树品种耐刺激程度不同，主要分为PR107类和RRIM600类两大类，其中PR107类包括PR107、GT1、PB86等品种，其不同割龄和割制的推荐乙烯利浓度如表4-1所示。而RRIM600类包括RRIM600、热研73397、热研917、大丰95等品种，其不同割龄和割制的推荐乙烯利浓度如表4-2所示。若树位品种混杂，则以占比大的品种为准制定刺激浓度，如两个品种比例差不多，涂药浓度就低不就高。开割第1 ~ 5割年的热研73397、热研879等早熟品种原则上不刺激，可涂不含乙烯利的微肥营养素。

表4-1　不同割龄PR107类橡胶树采用3 ~ 7天1刀割制的推荐乙烯利浓度

单位：%

| 割龄 | 3天1刀 | 4天1刀 | 5天1刀 | 6 ~ 7天1刀 |
|---|---|---|---|---|
| 第1割年 | 0.5 | 0.5 | 1.0 | 1.0 |
| 第2 ~ 3割年 | 1.0 | 1.0 | 1.5 | 2.0 |

（续）

| 割龄 | 3天1刀 | 4天1刀 | 5天1刀 | 6～7天1刀 |
|---|---|---|---|---|
| 第4～5割年 | 1.5 | 1.5 | 2.0 | 2.5 |
| 第6～10割年 | 2.0 | 2.5 | 3.0 | 3.5 |
| 第11～15割年 | 2.5 | 3.0 | 3.5 | 4.0 |
| 第16～20割年 | 3.0 | 3.5 | 4.0 | 4.0 |
| 第21割年及以上 | 3.5 | 4.0 | 4.0 | 4.0 |

乙烯利施用浓度也应该综合考虑其他自然环境条件和胶园生产力等因素。在光温条件较差的区域，例如广东垦区当年割胶生产前期和后期可适当减低乙烯利浓度0.5%。更新前3年可适当提高刺激浓度。

表4-2　不同割龄RRIM600类橡胶树采用3～7天1刀割制的推荐乙烯利浓度

单位：%

| 割龄 | 3天1刀 | 4天1刀 | 5天1刀 | 6～7天1刀 |
|---|---|---|---|---|
| 第1割年 | — | — | 0.5 | 0.5 |
| 第2～3割年 | — | 0.3 | 0.5 | 1.0 |
| 第4～5割年 | 0.5 | 0.5 | 1.0 | 1.5 |
| 第6～10割年 | 1.0 | 1.0 | 1.5 | 2.0 |
| 第11～15割年 | 1.5 | 1.5 | 2.0 | 2.5 |
| 第16～20割年 | 2.0 | 2.0 | 2.5 | 3.0 |
| 第21割年及以上 | 2.5 | 2.5 | 3.0 | 3.0 |

### 4. 施用周期

不同割制的刺激剂涂药周期和年涂药次数不同。具体操作可参考表4-3。

表4-3　不同割制的刺激剂涂药周期和年涂药次数

| 割制 | 涂药周期 | 年涂药次数 |
|---|---|---|
| 3天1刀 | 每15天涂药1次 | 10～14次 |
| 4天1刀 | 每12天涂药1次 | 14～16次 |

（续）

| 割制 | 涂药周期 | 年涂药次数 |
|---|---|---|
| 5天1刀 | 每10天涂药1次 | 16 ~ 18次 |
| 6天1刀 | 每12天涂药1次 | 14 ~ 16次 |
| 7天1刀 | 每14天涂药1次 | 10 ~ 13次 |

### 5.施用截止日期

广东、云南和海南中西部等地区的乙烯利施用截止日期为10月，海南南部地区可涂施到11月15日。最后一个涂药周期的乙烯利浓度比原推荐浓度降低0.5%为宜，如气温降幅较大，最后一个涂药周期时间应适当提前。

### 6.剂型

推荐使用明确标明含量，且浓度准确的复方乙烯利糊剂（图4-19）。超低频采胶应使用渗透力较强、药效持续性长的配套刺激剂。

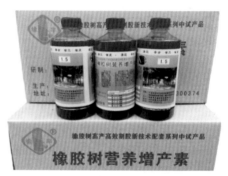

图4-19　复方乙烯利糊剂

### 7.涂药量

根据割线长度确定涂药量，通常第1 ~ 5割龄橡胶树每株次涂糊剂1.5g。第5 ~ 20割龄橡胶树每株次涂糊剂2.0g，第21割龄及以上的橡胶树每株次涂糊剂2.5g。

### 8.涂施方法

涂施药物时要选择晴天。涂药时，用软毛刷沿割线和割线上方2cm宽新割面均匀涂施药液（图4-20）。涂药6h后遇暴雨冲刷，不用补涂；在2h内遇暴雨冲刷，可补涂，但要把浓度降低一

图4-20　涂施方法

半；在2～6h内遇雨，可根据涂药后第1刀产量的情况，适当缩短涂药周期。超低频采胶建议第一周期施药在割线下方刮皮0.5cm，再用毛刷在割线上2cm及割线下方0.5cm处均匀涂药。之后涂药周期为，施药应在第2刀期间，割第2个树位或第3个树位时涂第1个树位。即割2涂1或者割3涂1，依次类推，最迟于割胶前48h完成涂药工作。如遇下雨1～2天，因雨天耽搁未涂药的树位应与当天涂药树位同时涂，如持续下雨3天以上，因雨天耽误未涂药的树位，该周期涂药时应参照第一周期涂药方法。

### 9. 割胶刀数

割胶时，不同割制下周期割胶刀数和全年割胶刀数不同（表4-4）。如遇下雨，3～4天1刀割制无需补刀；5～7天1刀割制可推后补齐全年割胶刀数，以保证获得理想产量，不能连刀、加刀。

表4-4　不同割制的周期割胶刀数和年割胶刀数

| 割制 | 周期割胶刀数 | 年割胶刀数 |
| --- | --- | --- |
| 3天1刀 | 4～5刀 | 60～80刀 |
| 4天1刀 | 3刀 | 50～60刀 |
| 5天1刀 | 2刀 | 50刀左右 |
| 6天1刀 | 2刀 | 36刀左右 |
| 7天1刀 | 2刀 | 30刀左右 |

### 10. 耗皮厚度

割胶频率越低，乳管切口堵塞头越厚，需增加每刀次耗皮厚度。在高温干旱季、雨天影响割胶等情况下可适当增加单刀耗皮量。开割前，可按规定年割胶刀数计算出全年的耗皮量，并在树上做出标记，随着割胶频率降低，年割胶刀数减少，年割胶耗皮量也会显著下降（图4-21）。各割制的单刀和年耗皮量参照表4-5。

图4-21　常规割制（左）和4天1刀（右）割制的年割胶耗皮量

表4-5　各割制的单刀和年耗皮量参考值

单位：cm

| 割制 | 阳刀 | | 阴刀 | |
|---|---|---|---|---|
| | 单刀耗皮量 | 年耗皮量 | 单刀耗皮量 | 年耗皮量 |
| 3天1刀 | ≤0.14 | ≤12.0 | ≤0.18 | ≤15 |
| 4天1刀 | ≤0.16 | ≤11.0 | ≤0.20 | ≤13 |
| 5天1刀 | ≤0.17 | ≤10.0 | ≤0.21 | ≤12 |
| 6～7天1刀 | 0.18～0.22 | ≤8.0 | 0.20～0.24 | ≤9 |

### 11. 割胶深度

乙烯利刺激后，割胶深度需较常规割制浅。PR107、GT1、PB86等品种的割胶深度应大于0.18cm（含0.18cm）；RRIM600、热研73397、热研917、大丰95等品系的割胶深度应大于0.20cm（含0.20cm）。11月后，冬季割胶应进一步浅割，割胶深度均需增加0.02cm。

### 12. 应用情况

低频采胶是我国农垦胶园的主推采胶技术。大面积应用表明，相对常规割制，采用3～5天1刀割制可减少采胶用工34%～60%，增加人均产量65%～145%；采用6～7天1刀割制可减少采胶用工66.7%～71.4%，增加人均产量180%～220%。

### 13.推广对象

一定规模的民营或国有胶园。割胶频率越低，单位面积采胶用工越少，胶工的人均年产量越高。生产单位可根据胶园规模、生产条件不同，灵活选择不同低频采胶技术。胶工短缺严重的地区优先选择单阳线超低频采胶技术，以减少割胶用工，提升采胶效益，增加胶工收入。

## 三、气刺短线采胶

气刺短线采胶是采用乙烯气体刺激，减少或缩短割线采胶的高效采胶技术，可显著减少单株采胶耗时和割胶耗皮，增加胶工承割株数和年产量，延长橡胶树经济寿命。

### 1.适用橡胶树

气刺短线采胶技术适宜在20割龄以上的老龄橡胶树上采用，品种以耐刺激性的效果为佳。

### 2.割线设计

在现有可割树皮基础上，高部位有原生皮时割阴刀，如只能割再生皮时，根据实际情况选择较好的树皮进行阴线或者阳线割胶。采用1/4树围采胶，可直接将原1/2割线分为两个1/4的割线（图4-22）；采用1/8树围采胶，将1/4的割线再分为两个1/8的割线（图4-23）。

### 3.割线轮换与转线

采用1/8树围采胶，割线每4个月轮换1次，年终停割前将1/4树围割线基本割平。阴刀采胶每年进行逆时针方向转线；阳刀采

图4-22 1/4树围阳刀割胶

图4-23　1/8树围阴刀割胶

胶按顺时针方向转线（图4-24）。割线发生严重死皮而影响采胶时，可按上述方法提前转线。

4.割胶频率

割胶频率采用4～7天1刀采胶，年割胶刀数控制在50刀以内。

5.树皮消耗量

阳刀割胶的单刀树皮消耗量控制在0.16～0.17cm，阴刀割胶的单刀树皮消耗量应控制在0.20～0.21cm。

6.割胶深度

气刺割胶的割胶深度控制在

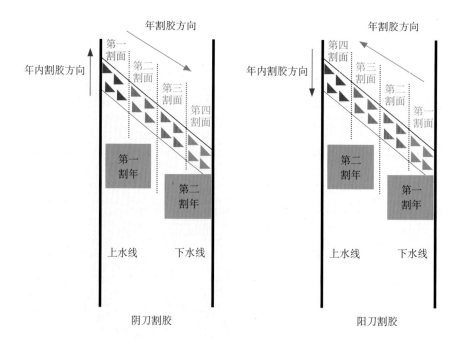

图4-24　气刺短线采胶的割线轮换

0.25 ~ 0.30cm。

7.刺激剂量

每株每次充气30 ~ 50mL。

8.充气时间和周期

每年充气刺激的月份在5—10月为宜，9月以前可3 ~ 4刀1个刺激周期，10月后延长至5 ~ 6刀1个周期。若橡胶树的增产幅度过大、干胶下降较快，周期要适当延长。

9.割胶时间

充气24h后即可割胶，割胶时间可选在傍晚时分。

10.气室安装

采用阳刀割胶，气室安装在割线下方10 ~ 20cm处；采用阴刀割胶，气室安装在割线右上方的15 ~ 30cm处，气室安装高度应以不影响割胶操作作为原则（图4-25）。气室不能钉在两个1/8割面之间的水线上，以免树皮干裂更严重。气室的盒头不宜钉得太深，钉稳即可。

阳刀割胶                    阴刀割胶

图4-25 气刺短线采胶的气室安装位置

**11.气室移换**

气室安装充气后，胶工发现产量明显下降，或安装后45～60天应将气室就近移换1次。如发生破损、松动、漏气、堵塞等现象，则要及时修复、加固或更换。

**12.应用情况**

2014—2022年，气刺短线采胶技术在老龄胶园累计推广约30万亩。与常规刺激割制相比，该技术可增加胶工承割株数80%以上，促进单位面积增产15%～30%，提高人均年产量1倍以上；节约树皮50%以上，延长胶树经济寿命5～8年。

**13.推广对象**

气刺短线采胶技术适宜在云南、海南植胶区老龄或更新胶园推广应用。广东植胶区注意品种选择，优选GT1、红星1推广此技术。

**14.注意事项**

在推广应用当中应注意产胶动态分析，如出现增产幅度过大、干胶含量急降、排胶时间过长、割线乳管内缩等情况时，应及时采取降低割胶频率、减少刺激剂量、延长刺激周期或停割等措施。单株增产控制在10%～15%为宜。

乙烯气体是一种易燃易爆气体，因此，在储存、运输、充气使用等过程中，必须严禁烟火，专人专管，严格按规定的程序操作。用后的空罐空瓶要统一回收，妥善保管。


# 四、采胶控制指标

## 1.伤口率

伤口率指伤口数（小伤以上）占调查株数的比例，能比较具体地反映各类伤口的情况。定期进行割胶技术检查，确保割胶深度、树皮耗皮量等符合割胶技术指标，并严格控制割胶伤口率，要求消灭特伤（伤口面积为0.4cm×1.0cm），大伤（介于特伤和小伤之间）伤口率应低于5%，小伤（伤口面积为0.25cm×0.25cm）伤口率应低于20%。

### 2.干胶含量

干胶含量指胶乳中橡胶的含量，能够反映橡胶树产胶代谢的能力或状况。各地区可根据树龄、品种制定年平均干胶含量和冬季干胶含量控制指标，指导采胶生产，保证橡胶树安全。

（1）年平均干胶含量控制指标。PR107类品种的年平均干胶含量需在27%以上，RRIM600类品种的年平均干胶含量需在25%以上。

（2）冬季干胶含量控制。10月底前，PR107类品种的年平均干胶含量低于26%；第1～5割龄RRIM600类品种的年平均干胶含量低于23%，第6割龄以上的年平均干胶含量低于24%时，均应短时休割。进入11月后，PR107类品种连续2刀干胶含量低于23%；第1～5割龄RRIM600类品种连续2刀干胶含量低于21%，第6割龄以上连续2刀干胶含量低于22%时，原则上该树位当年停割。

### 3.死皮率

橡胶树死皮率可根据割线死皮长度分为5级（见本章第八节），每年开割期和停割期均进行1次死皮调查。发现死皮发生前兆，涂药延期，并实行浅割。2级以上单株死皮树，应停止涂药，短期休割，并增施肥料。5割龄内，3级以上死皮树必须当年休割，此后每年进行试割来判断死皮情况，死皮未恢复则继续休割，恢复后可降低强度割胶。确保当年新增4、5级死皮率低于0.50%。

## 第四节　采胶机械及应用

长期以来，采胶都是依赖于胶工使用传统割胶刀进行的，其优点在于刀具虽成本低、操控灵活，但存在技术要求高、劳动强度大、效率低等问题。因此需要大量的胶工，并需要对胶工进行长时间（1～2个月）培训，胶工通过培训才能进行割胶作业，而且割胶刀刃易磨损，磨刀工作量非常大。近些年，随着劳动力成本逐渐上升，机械化采胶技术与装备的研究越来越受到重视，并在电动割胶刀和自动割胶机等两个方向都取得了可喜的成绩。其中，多款电动割胶刀产品已达到中试水平，并在生产中得到一定规模的应用，具有操作简单、省力等优点，展现出良好的应用前景。固定式全自动采胶机可实现无人割胶，但由于其还处于初试阶段，需进一步优化改进，而移动式全自动采胶机还处于探索阶段。

# 一、电动割胶刀

电动割胶刀技术是在传统割胶刀的基础上，以电池为动力，电机驱动刀片，替代人力进行切割，大幅减轻劳动强度，并且采用了限位装置对割深和割厚进行控制，降低了伤树率的同时，也降低了割胶操作技术要求，是割胶工具的一次革新升级。目前，电动割胶刀按其刀片运动形式分为往复式和旋转式两大类，本节将主要介绍4GXJ-2型往复式和4CXJ-X303B旋转切削式两款应用较成熟的电动割胶刀。

## （一）4GXJ-2型往复式电动割胶刀

4GXJ-2型往复式电动割胶刀通过电机带动刀片高速摆动完成对橡胶树树皮的切割作业。它主要由刀片、传动轴、固定轴承、传动叉、偏摆轴承、刀座、偏心轴、电机、手柄和导向器等组成（图4-26），利用调节限位器与刀片的相对位置来调整割胶深度和厚度。

4GXJ-2型往复式电动割胶刀的割胶操作要点：

图4-26　4GXJ-2型往复式电动割胶刀

1.开割线

按照割面规划确定好的割线倾斜角度，使用切割刀片的前端圆角刃开割前后水线（图4-27）。采用向后拉割或向前推割的方式，或拉割、推割配合的方式，割2～4刀，割出理想开割线（图4-27）。

2.阳刀高割线拉割

将电动割胶刀的导向器正向安装在刀头上，置于刀片后面，使用右侧刀片割胶，按照"一推、二靠、三拉、四走"动作要领操作

开割线 前后水线

图4-27 开割线和前后水线操作

（图4-28）。一推，即将电动割胶机前端置于橡胶树割线起始端，距离前水线1.5cm处，采用传统割胶方法推割至水线处。二靠，即在接刀位置将导向器轻轻地靠在树干及割线上，启动电源开关。三拉，即从割线起始部位开始沿割线方向正常拉割，观察割出的树皮是否正常。四

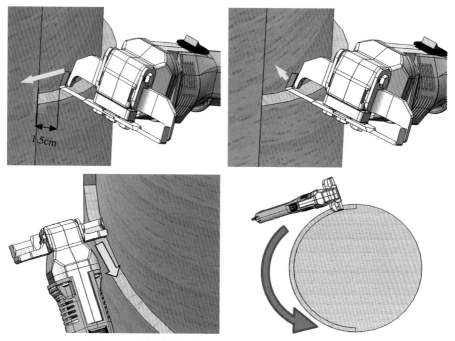

图4-28 拉割的"一推、二靠、三拉、四走"动作要领

走，即操作者以橡胶树为中心，顺势绕树干以正常交叉步方式后退行走，直至割完胶线为止。

拉割的割胶深度与耗皮量厚度由导向器控制，适合新老胶工操作。拉割割胶过程中，注意"三个保持、五个放松"即可。三个保持即保持导向器与未割面和树干时刻贴合，保持刀片与割线平行，保持刀刃与树干垂直。五个放松即做到手握割胶机放松、双眼放松、双臂放松、腰部放松、腿部放松，顺势引刀。

### 3.阳刀高割线推割

使用电动割胶刀右侧刀片割胶。一是将导向器正向安装，使用切割刀片的前端刀刃向前推割。在起刀位置将切割刀片的前端刀刃与树干垂直放置，启动电源开关，前推切割至合适深度时立即转向90°，沿割线向前推刀直至割完胶线为止（图4-29）。该方法割胶深度与耗皮量厚度控制由胶工凭割胶经验和技术自行掌握，本方法适合有经验和技术的熟练胶工操作，不建议新胶工使用推割方式，否则容易伤树。二是将导向器反向安装，使用切割刀片的后端刀刃向前推割。在距起刀位置1.5cm处，将切割刀片的后端刀刃与树干垂直放置，启动电源开关，然后拉切割至水线处，在接刀位置使用切割刀片的前端刀刃，沿割线向前推刀直至割完胶线为止。该方法割胶深度与耗皮量厚度由导向器控制，新老胶工均可使用。

图4-29　阳刀高割线推割操作

### 4.阳刀低割线割胶

使用左侧刀片割胶，可采用拉割或推割方式割胶，技术要领参照以上操作要点进行操作（图4-30）。

图4-30　阳刀低割线割胶操作

5. 阴刀割胶

使用左侧切割刀片的立刃进行推割，技术要领参照图4-31进行操作。

图4-31 阴刀割胶操作

## （二）4CXJ-X303B旋转切削式采胶机

4CXJ-X303B旋转切削式采胶机利用电机驱动切削器旋转切削树皮完成割胶作业。切削器是核心部件，包括支架、主轴、控深环、横向刀片、纵向刀片、挡板等（图4-32）。该款采胶机通过调整切削器与割线夹角控制割胶深度，通过替换不同刀片控制割胶耗皮厚度。

图4-32 4CXJ-X303B采胶机

1. 使用说明

（1）开箱查验。打开采胶机工具箱，查验采胶机装箱和配件（图4-33）。取出电池包，调整好电池包腰带长度后系在腰上。

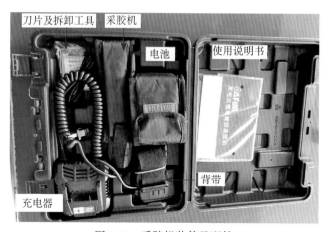

图4-33 采胶机装箱及配件

87

（2）电池安装与拆卸。将采胶机端电源线接口沿着卡槽插到电池组上，并将电池装到电池包中。拆卸电池时，先用手按下电池组上按钮，方可拔出电池连接扣（图4-34）。

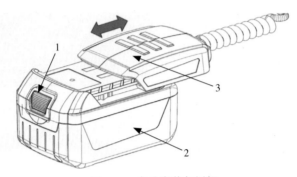

图4-34 电池安装与拆卸

1.按钮 2.电池组 3.电池连接扣

（3）开机与关机。用手握持采胶机，打开采胶机后端的电源保护开关，机身通电。轻轻压下采胶机操作开关，采胶机即可开始运行，松开操作开关，采胶机即停止工作（图4-35）。

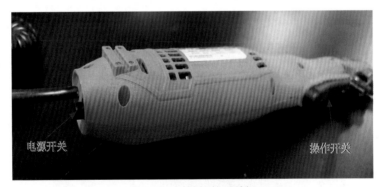

图4-35 采胶机的开关机

（4）割胶耗皮量调节。根据割胶所需的耗皮厚度，调整前后耗皮控制部件，至切割厚度符合预期要求，紧固耗皮控制部件（图4-36）。

前调节支架的调整：松开前调节支架上的两个紧固螺丝，用手旋转前调节旋钮，同时可观测前调节支架上的刻度来确认调整量，直至达到预期高度，最后将两个内六角螺丝紧固好。

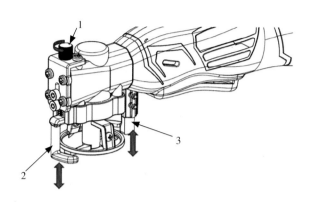

图4-36 割胶耗皮量调节

1.前调节旋钮 2.前调节支架 3.后调节支架

后调节支架的调整：松开后调节支架上的两个紧固螺栓，上下移动后调节支架，直至达到预期高度，最后将两个内六角螺丝紧固好。

（5）刀片安装及拆卸。横向刀片（切削树皮）的安装和拆卸：取出采胶机包装箱配置的十字螺丝刀、螺丝及切削树皮刀片，将刀片置于刀槽中，调节好左右空间，使刀片居于控深环正中，用十字螺丝刀吸附螺钉，拧紧即可。拆卸刀片步骤与安装步骤相反（图4-37）。

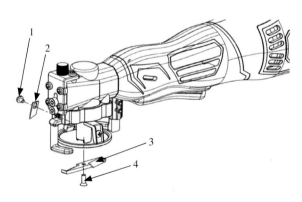

图4-37 安装及拆卸刀片

1.固定切削胶线刀片螺钉 2.切削胶线刀片 3.切削树皮刀片 4.固定切削树皮刀片螺钉

纵向刀片（切削胶线）安装和拆卸：取出采胶机包装箱配置的十字螺丝刀、螺丝及切削胶线刀片，将刀片置于刀槽中，调节好所需高度，用十字螺丝刀吸附螺钉，拧紧即可。拆卸刀片步骤与安装步骤相反（图4-37）。

### 2.割胶技术要领

（1）下刀。开机后，将切削器抬高，先将调节支架置于割线上（低割线推刀用前调节支架，高割线拉刀用后调节支架），然后，前后移动支撑点，确保切削到水线位置，将控深环靠紧割面（图4-38）。同时将采胶机轻轻向割线位置下压，感觉切削到树皮后，即可行刀采胶。

图4-38　采胶机下刀

（2）行刀。行刀时，必须将支架一直置于割线上，控深环必须一直紧靠割面做匀速圆周运动，采胶机轴线和割线保持平行，割线内外侧斜度需要保持一致（图4-39）。

图4-39　采胶机行刀

（3）收刀。为确保收刀到位，行刀至水线附近时，可将机身适当外翻，离开割线并松开操作开关（图4-40）。当天采胶完成后，必须关闭采胶机后端电源保护开关。

图4-40　采胶机收刀

## 二、固定式全自动采胶机

全自动采胶机器有固定式和移动式两种，是针对未来无人智慧胶园设计开发的割胶设备。目前固定式全自动采胶机相对成熟，它由安装在橡胶树上的割胶硬件（图4-41）、手机App或电脑远程控制软件、数据库等组成。该机器整个割胶过程无需人工介入，只是通过手机App或电脑远程控制软件控制割胶硬件工作，实现全时段自动化割胶作业，有效提高了橡胶生产管理的科技水平。

图4-41　固定式全自动采胶机的安装

## 第五节　开割胶树的养护

开割胶树养护的基本原则是根据橡胶树的品种特性、树龄和生产条件等，科学地采用适宜的管理和割胶技术措施。遵循"三看"割胶和冬季"一浅四不割"，严格贯彻落实"低频、短线、轮割、少药、浅割、增肥和动态分析"等技术措施，正确处理管、养、割三者的关系，保护和提高橡胶树的产胶能力，保持排胶强度与产胶潜力的平衡，使整个生产周期持续高产。

## 一、割面转换措施

割面转换主要有高低转换和阴阳转换两种方式，在两个割面上交替转换割胶，可减轻割面连续割胶的疲劳感。当一个割面割至离地30～40cm时，应根据季节等进行割线轮换，即旱季割低线，雨季割另一割面的高线，以免诱发低割面病害的发生。

## 二、减刀措施

减刀措施是适当推迟开割和提早停割。例如，一个林段中有95%植株第1蓬叶稳定15～20天后才开割，或比常规割胶提早15～20天停割。提早停割不但有利于减少和避免低温割胶病害、养树保胶，也有利于橡胶树的养分积累，培养产胶能力，提高增产后劲，保证来年产量递增。

## 三、控制增产措施

控制好刺激增产幅度，刺激割胶产量每年递增量应控制在10%左右。

## 四、产排胶动态分析

由于季节物候、树龄产量、水肥养分等不断发生变化，橡胶树的产胶能力也是动态变化的。准确分析和把握橡胶树的产胶能力变化，是决定采胶方法与策略的依据。产胶亢进可适度增加采胶强度，挖掘产量；排胶障碍时不宜施用乙烯利，避免无效刺激；产胶疲劳应降低刺激和采胶强度，保护产胶潜力。

①亢进：干胶含量上升，干胶产量也上升，表示产胶能力较强，有潜力可挖，排胶强度合理或不足。

②稀释：干胶含量下降，但干胶产量上升，表示产胶能力正常，排胶强度合理。

③障碍：干胶含量上升，但干胶产量下降，表示产胶能力正常，但排胶条件不良，出现排胶障碍。

④疲劳：干胶含量下降，干胶产量也下降，表示产胶能力下降，表明排胶强度过度。

# 五、"三看"割胶

"三看"割胶即看天气情况、看季节物候情况、看树体情况割胶。

### 1.看天气情况割胶

根据早晨温度及天气情况决定当天的割胶时间。高温干旱季节，需提前割胶。入秋后，气温下降，长流胶开始增多，此时应在天明后割胶。入冬后，当早晨气温低于22℃，割早胶时间延后，低于18℃，不应再割早胶，低于15℃，必须停割。

按天气情况调整割胶深度和耗皮厚度。高温干旱，耗皮需增厚，低温要浅割。

根据天气情况变换割胶路线。在炎热或干旱天气，应先割高产树和高产片，后割低产树和低产片。低温季节，先割中产树，再割高产树，后割低产树。

### 2.看季节物候情况割胶

看季节物候掌握割胶深度。一般是每年开割初期浅割，以后略深割。第2蓬叶抽叶时又浅割，待第2蓬叶老化之后，开始深割，直到10月低温到来。当胶乳开始长流时，又浅割。

看季节物候决定开割期和停割期。第1蓬叶老化后才能动刀割胶。根据叶片黄化的程度确定冬季停止割胶时间，橡胶树黄叶量占全树位的8%～20%时停割，可减少对来年产胶潜力的影响。

### 3.看树体情况割胶

根据品种特性和植株状况确定割胶的深度与频率。PR107类品种要适当深割；RRIM600类品种应适当浅割。根据产排胶状况确定割胶强度，干胶含量低、流胶时间长的橡胶树要浅割，或停停割割。根据植株健康状况确定割胶强度。受风、寒害的橡胶树和非正常树，应按复割标准，酌情恢复割胶和施用刺激剂。死皮树要在处理后达到复割标准时，才能割胶。

## 六、"一浅四不割"

冬季低温割胶生产中，一是要强调浅割；二是出现气温低于15℃，或树冠叶片变黄、雨后树身不干、割线过低或受害有病的胶树等情况之一，不能割胶。

## 七、增肥措施

开割胶树每株全年需施总含量25%～28%配方复混肥2kg和优质有机肥（包括部分压青，以5∶1折）20kg以上。根据土壤供肥能力的变化及时调整复混肥的配方。遇到春寒、病、旱、风造成落叶量较大时，要及时在新抽叶抽芽时增施化学氮肥，每株施用尿素0.1～0.2kg，硫酸铵加倍。刺激采胶的胶乳增产率为10%～15%，养分消耗也增加20%～30%，故需要增加施肥量。

## 第六节　割面越冬保护

胶树停割后需对10月以后的新割面消毒、涂封，确保橡胶树安全过冬，减少割面冻害。割面消毒通常采用甲霜灵、乙磷铝等药物。涂封可选用医用凡士林（切忌使用工业凡士林）或割面专用涂封剂。选择晴天，待割面干爽后用封口剂涂封割面，涂封宽度为4～5cm，每株涂5～8g。

## 第七节　胶乳保鲜与田间凝固

鲜胶乳的早期保存指胶乳从橡胶树胶乳流出至加工厂之前的鲜胶存措施，包括收胶"六清洁"、鲜胶乳保鲜、胶乳田间凝固等，这是割胶生产的重要技术环节。早期保存可避免胶乳腐败变质、水胶分离，有利于初产品加工、成品质量提升。

### 一、收胶"六清洁"

在胶乳停滴后收集胶乳，停滴前如果下雨，应提前收胶，避免雨水冲胶。在收集过程中，应避免树皮、树叶、石块等杂物混入胶乳中。及时收回长流胶和杂胶，并做好如下"六清洁"。

（1）树身和树头清洁。清除树身上的泥土、青苔、蚁路、外流胶及胶头泥、树头旁杂草等。

（2）胶刀清洁。要保证胶刀锋利、光滑、无锈。

（3）胶杯清洁。每年开割前，要将胶杯彻底清洁一次。割胶时，要擦净胶杯。收胶时，要刮净杯内的胶乳，收胶后将胶杯斜放在胶杯架上，杯口向树干，以防露水、雨、沙等沾污胶杯。

（4）胶舌清洁。每刀或隔刀清除胶舌上的残胶、树皮、杂物。

（5）胶刮清洁。收完胶，要洗净胶刮上的残胶。胶刮不宜在硬而粗糙的物面上摩擦，以免磨损表面，难于清洁。

（6）胶桶清洁。胶桶在使用前后应洗干净，不能拿去装其他杂物，以免引起胶乳凝固、变质。

### 二、鲜胶乳保鲜

生产上，常用氨水、甲醛、亚硫酸钠、二硫化四甲基秋兰姆（TT）/氧化锌（ZnO）或复合剂等进行胶乳保鲜。氨水添加量为鲜胶乳量的

0.05%～0.08%。对于制造浓乳者氨水添加量为鲜胶乳量的0.2%～0.35%。在气温低时，氨水含量可再低些。当胶树开花、抽叶季节，雨后割胶，进工厂较晚时，以及稳定性特别差的胶乳，氨水含量要高一些。用于胶园加氨的氨水浓度通常为10%，而工业氨水出厂时一般为20%左右，使用时要稀释。可以在氨水中加入适量的TT/氧化锌，以提高氨水的保存效果。TT和氧化锌的用量均为胶乳重的0.01%，氨水用量为胶乳重量的为0.03%～0.08%。生产浓缩胶乳时，TT和氧化锌的用量均为胶乳重的0.01%，氨水用量为胶乳重量的为0.2%～0.3%。这样可使鲜胶乳有效保存时间达7天以上。

## 三、胶乳田间凝固

胶乳通常采用乙酸（又称醋酸）或甲酸进行田间凝固。用醋酸作为凝固剂时，其适用酸量控制在干胶重的0.5%～0.8%，加入胶乳之前应配制成2%～3%的水溶液。用甲酸的适用酸量为干胶重的0.3%～0.5%，使用时配制成0.5%～1%的水溶液。加酸既不能太多亦不能太少，加酸不够则凝固不完全，会出现"白水"现象，加酸过量，则会出现"黄水"现象。

## 第八节  死皮防控

死皮是指割胶后割线局部或全部不排胶的现象，是限制橡胶产量提高的重要因子之一。死皮防控的总体原则是"预防为主，综合防控"，及早发现死皮，及时进行技术处理。根据不同的死皮类型和严重程度，可通过减刀、降低乙烯利刺激强度、停割、割面轮换或使用死皮防治剂等措施进行防控，延缓或减少死皮现象的发生。首先要注意植胶地、橡胶树品种的选择，把握好苗木质量这一关，建立无病苗圃。其次要严格按照《橡胶树割胶技术规程》割胶，确保割胶深度、割胶频率和乙烯利刺激强度等符合标准。最后对胶园中已产生的死皮树要及时处理，可通过农艺措施与化学防治相结合的方法，促进死皮植株恢复产胶。

## 一、死皮分级与死皮率计算

### 1.死皮症状鉴定

死皮橡胶树割线上表现出不同的症状，具体包括如下（图4-42）：

（1）外无，表现为割线外侧不排胶。

（2）中无，表现为割线中部不排胶。

（3）内无，表现为割线黄皮内侧不排胶。

（4）缓慢排胶，表现为整条割线胶乳排出比较缓慢，且易在割线上凝固。

（5）点状排胶，表现为整条割线上胶乳呈星点状排出。

（6）局部无胶，表现为割线某一段或某几段没有胶乳排出。

（7）全线不排胶，表现为整条割线不排胶。

### 2.死皮分级

割面局部或全部不排胶是死皮树的主要表现之一，也是死皮病鉴定和分级的主要依据。根据割线的排胶状况，在割线的死皮对应部位做标记，逐株记录割面缓慢排胶和不同死皮症状的割线长度，统计死皮停割植株的数量。根据死皮长度不同，将橡胶树死皮分为5个级别（表4-6）。

表4-6　橡胶树死皮分级标准

| 死皮等级 | 各级代表值 | 分级标准 |
|---|---|---|
| 0级 | 0 | 无死皮症状 |
| 1级 | 1 | 死皮长度小于2cm |
| 2级 | 2 | 死皮长度为2cm至割线长的1/4 |
| 3级 | 3 | 死皮长度占割线长的1/4 ～ 2/4 |
| 4级 | 4 | 死皮长度占割线长的2/4 ～ 3/4 |
| 5级 | 5 | 死皮长度占割线长的3/4以上 |

### 3.死皮率计算

死皮率和死皮停割率是采胶生产的重要控制指标，其中死皮率按

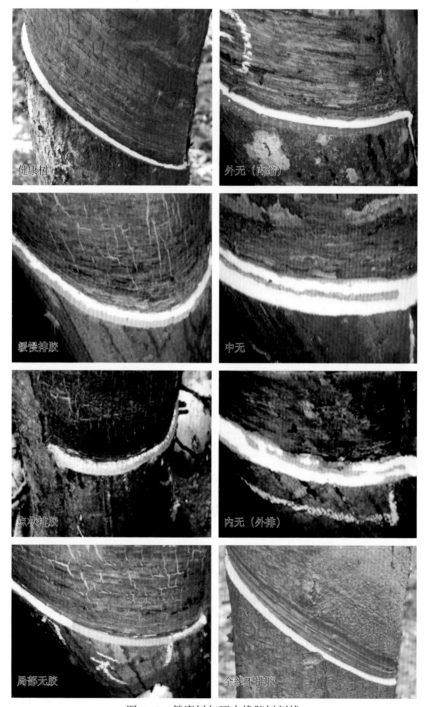

图4-42　健康树与死皮橡胶树割线

死皮树株数占调查总株数的百分比计算，死皮停割率则用死皮停割树株数占调查总株数的百分比计算。

## 二、防治措施

### （一）死皮树的农艺防治

对3级（含）以下轻度死皮树应加强水肥管理，降低割胶强度，转换割面（或阴刀割胶）。轻度死皮的橡胶树需要养树，可采用破半割胶的措施，即将原来1/2割线变为1/4割线，保留原来排胶的半条割线继续割胶直至全割线恢复正常排胶。破半割胶可降低割胶强度，促进死皮树恢复，又可保持一定产量。4级（含）以上重度死皮树应停割养树，或采用刨皮处理、涂营养剂，促进树皮恢复产胶。

### （二）死皮树的化学防治

对胶园中已发生的轻度和重度死皮植株，也可根据死皮严重情况，分别采取不同的防治措施。

#### 1.重度死皮防治

死皮康组合制剂防治：针对重度死皮，可采用中国热带农业科学院橡胶研究所研发的橡胶树死皮康组合制剂进行康复处理，死皮恢复率可达40%以上。死皮康水剂用于树干喷施，胶剂用于割面涂施。在重度死皮植株恢复处理过程中，要两种剂型的营养剂同时使用。死皮康水剂：使用前摇匀，并用自来水稀释40倍（即每瓶兑水配制成40L的溶液），均匀喷施于死皮树树干（距地面1.8m以下部分），每株树喷施1L（图4-43）。每星期喷施1次，连续喷施3～5个月为宜。死皮康胶剂施用方法：轻刮除去割线上下20cm范围内的粗皮与杂物，用毛刷将其均匀涂抹在割线上下20cm的树皮上（使用前先摇匀，涂满整个清理面，以液体不下滴为准），每个月涂施3次，连续涂施2个月。

死皮康复缓释颗粒防治：在死皮康组合制剂防治的基础上，研发出死皮康复缓释颗粒，死皮恢复率达到30%～80%，劳动成本降低

割面涂施

树干喷施

图4-43 死皮康组合制剂及施用方法

70%，恢复时间明显缩短。该产品可以调节橡胶树植株内源激素的产生，同时合理补充植株所需营养元素，使死皮或停割植株部分或全部恢复产排胶。施用方法：根部施用，可撒施、沟施、穴施等，每年施用1～2次，海南可在每年5月初首次施用，9月初追施1次，云南和广东首次施用及追施的时间分别为每年4月底、8月底和6月初和9月初（图4-44）。

2.轻度死皮防治

针对轻度死皮植株，可采用死皮康轻度死皮防治剂，使轻度死皮植株部分或全部恢复产排胶。施用方法同前述重度死皮胶剂，采用割面涂施方式（图4-45）。

图4-44 死皮康复缓释颗粒及施用方法

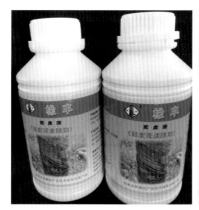

图4-45 死皮康轻度死皮防治剂及施用方法

# 第五章 CHAPTER 5
# 灾 害 防 控

　　天然橡胶产业常遭受病、虫等生物灾害及干旱、寒害、台风等气象灾害的为害，严重时对产业造成巨大甚至是毁灭性的经济损失。白粉病、炭疽病、根病、季风性落叶病、害螨、介壳虫和小蠹虫等病虫害是影响天然橡胶产业健康发展的重要生物灾害类群，准确识别这些生物灾害类别及发生特点，有效监测、科学防治是天然橡胶良种良法应用中的重要一环。同时，由于我国橡胶树种植区纬度偏北和海拔偏高，橡胶树在生长过程中易遭受旱灾、寒害、风灾等多种气象灾害的影响，限制了我国天然橡胶产业的发展。充分利用种植气候的适宜性条件，最大限度减轻气候环境对橡胶树种植的不利影响，可为提高橡胶树单位面积产量提供必要保障。本章分为病害防控、虫害防控、旱害防控、寒害防控和风害防控五部分，共收编了对橡胶树为害较大的灾害12种。对编入的每一灾害分别从症状识别、发病规律和防治方法进行了技术要点说明，旨在提升我国橡胶树灾害的科学管理和防控水平。

## 第一节　病害防控

　　病害问题一直是影响天然橡胶产量的重要因素之一。每年因病害造成的干胶产量损失约在15%以上。因天然橡胶种植不同时期发生病害种类不同，防控工作各时期侧重点则不同。我国植胶区常见或危害性较大的病害主要有6种，分别为白粉病、炭疽病、根病、季风性落叶病、割面条溃疡病、棒孢霉落叶病。

# 一、白粉病

## （一）症状识别

橡胶树白粉病的症状特征为发病的嫩梢、嫩叶和花序上呈现大小不等的点状或相连成片的白粉状病斑，即新鲜活动斑，嫩叶畸形、落叶落花（图5-1）。其他症状（图5-2）具体为：

### 1.蜘蛛丝状病斑

发病初期嫩叶的正面或叶背、叶脉处呈现辐射状的银白色菌丝，呈蜘蛛丝状。

### 2.红斑

随着气温升高，未脱落的嫩叶新鲜活动斑上的白粉状物消退，菌丝生长受到抑制，病斑变为红褐色，发展为红斑，嫩叶上的红斑再遇低温时又可转变为新鲜活动斑。

### 3.黄斑

在高温天气下，当老化病叶白粉斑上的白粉状物完全消失后，病斑颜色变黄，发展为黄斑。

图5-1 橡胶树白粉病的症状特征

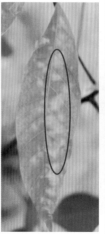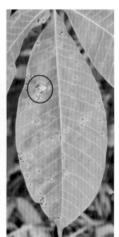

图 5-2　橡胶树白粉病的其他症状

#### 4.褐色坏死斑

在高温天气下，老化病叶黄斑上的病组织进一步变褐坏死，发展为褐色坏死斑。

### （二）发病规律

橡胶树白粉病主要流行于大量抽叶的春季。病菌在苗圃幼苗、风断树嫩梢、林下自生苗、野生寄主及越冬胶树上未脱落的老病叶上越冬，成为翌年春季的初侵染源。病菌分生孢子借助气流传播到新抽胶树嫩芽和嫩叶上，在适宜条件下，孢子可在几小时内萌发，直接侵入胶树嫩芽或幼嫩叶片中，潜育期为 5～8 天。

橡胶树新抽大量易感病的嫩叶是白粉病流行的基本条件。橡胶树群体抽叶期的早晚，决定着白粉病发生期的早晚。橡胶树群体嫩叶历期长短，决定着白粉病的流行强度。橡胶树嫩叶历期长短主要决定于冬季橡胶树落叶彻不彻底，春季橡胶树抽叶整不整齐。另外，白粉病是一种气候型病害，低温阴雨有助于该病的流行。白粉病发展的适宜温度为 15～22℃，在这个温度范围内，只要有一定的菌源和感病组织，病害便会迅速发展。

### （三）防治方法

#### 1.农业防治

加强栽培管理，入冬前清理树位，修剪断倒树嫩梢，增施磷、钾化肥或有机肥，促进橡胶树生长，提高植株抗病和避病能力，可减轻该病害发生和流行。

#### 2.化学防治

掌握最佳施药时机是化学防治成功的关键。可根据《橡胶树白粉病测报技术规程》（NY/T 1089—2015），在橡胶树抽叶初期，根据病害发生发展和橡胶树抽叶情况，预测白粉病在一定范围内的发展趋势，根据监测结果，决定是否需要防治及防治时间等综合防治策略。

（1）喷药时机。根据当地条件选用发病指数法、嫩叶病率法、总发病率法、病害始见期法等短期预测预报中的一种。

监测调查方法。采用隔行连株取样法，在固定观察点内编号的100株橡胶树中，从第2株开始（下一次调查时从第3株开始，再下一次调查时从第4株开始，依次类推），每隔4株选1株，选足20株。从选中的20株树的树冠中，用高枝剪取1蓬叶/株，共得到20蓬叶。再从这20蓬叶中，每蓬叶随机摘取5片中心小叶，共得到100片叶片（图5-3）。

橡胶树叶片白粉病病情调查和统计方法。对调查的100片叶片，根据《橡胶树叶片白粉病的分级标准》（表5-1）判断每片叶片属于哪一个病害级别（图5-4），并计算发病率和发病指数。

表5-1　橡胶树叶片白粉病分级标准

| 病害级别 | 叶片上的病情 |
|---|---|
| 0 | 整张叶片无病灶 |
| 1 | 0＜叶片上病斑面积占叶片总面积＜1/20 |
| 3 | 1/20≤叶片上病斑面积占叶片总面积＜1/16 |
| 5 | 1/16≤叶片上病斑面积占叶片总面积＜1/8，或叶片因病而轻度皱缩 |
| 7 | 1/8≤叶片上病斑面积占叶片总面积＜1/4，或叶片因病而中度皱缩 |
| 9 | 叶片上病斑面积占叶片总面积≥1/4，或叶片因病而严重皱缩 |

注：叶片病斑双面重叠只计一面。

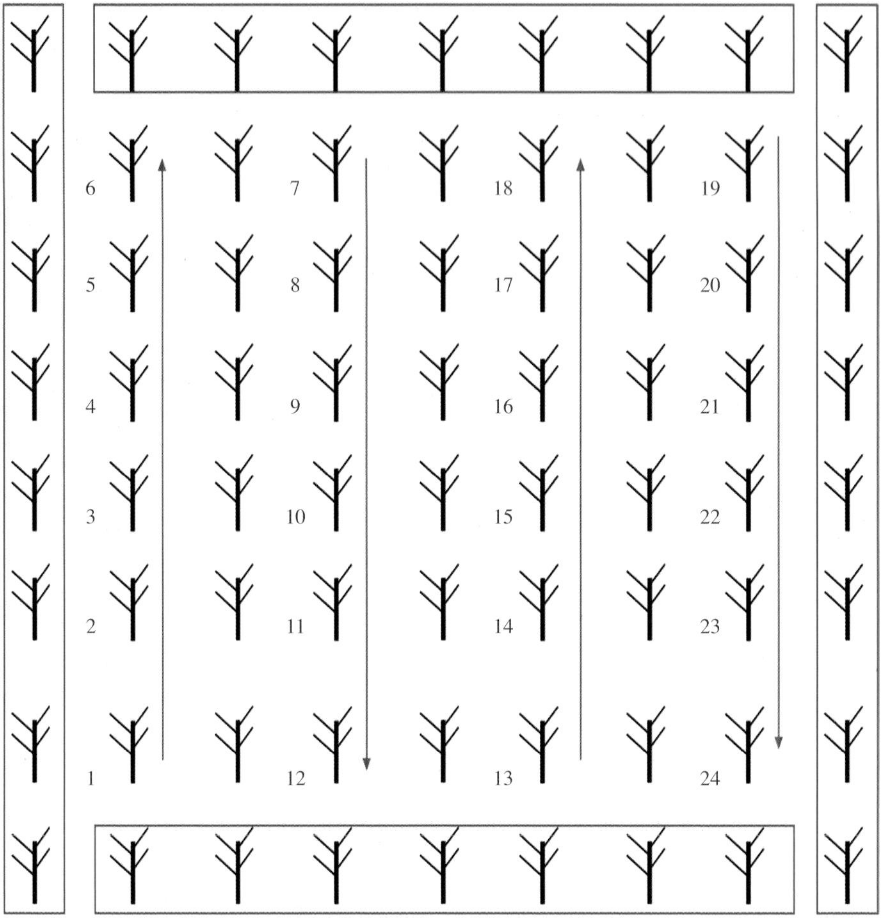

图5-3 "隔行连株"选固定观察树示意

发病率计算公式：

$$N（\%）=100-N_0 \tag{1}$$

式中，$N$为发病率，$N_0$为病级值为0的叶片数。

病情指数计算：

$$X=\frac{\sum[(X_1 \times X_2)]}{X_3 \times 9} \times 100 \tag{2}$$

式中，$X$为病情指数；$X_1$为各级病叶数；$X_2$为病情级值，在表5-1中查取；$X_3$为调查总叶片数。

0级　　　　　1级　　　　　3级　　　　　5级　　　　　7级　　　　　9级

图5-4　橡胶树白粉病分级标准

发病指数法。每年在橡胶树抽新叶20%时开始，以林段为单位进行物候及病情调查，每隔3天调查1次。如果橡胶树的物候期为古铜色嫩叶期，发病指数大于或等于1，橡胶树的物候期为淡绿期，发病指数大于或等于4，即已达到了喷药指标，应立即进行一次全面喷药防治。喷药后7天继续调查，如果发病指数仍超过上述指标，则需要再次全面喷药，直至橡胶树新叶70%以上老化为止。新叶70%老化后，则改为单株或局部喷药。

嫩叶病率法。调查时间及方法同发病指数法。但在采叶调查病情时，只采集古铜色叶和淡绿叶，不采老化叶，计算嫩叶发病率。若橡胶树物候和白粉病病情达到喷药指标时，应立即进行喷药防治，喷药后7天再次调查，达到指标的林段需再次喷药防治，直至橡胶树新叶90%老化为止（表5-2）。

表5-2　嫩叶病率法喷药指标和防治操作

| 判断序号 | 橡胶树物候期 | 嫩叶病率（%） | 防治操作 |
|---|---|---|---|
| 1 | 抽叶率≤30% | ≥20 | 单株或局部防治 |
| 2 | 抽叶率在30%～50% | ≥20 | 2天内全面喷药 |
| 3 | 抽叶率为50%至叶片老化40% | ≥25 | 2天内全面喷药 |
| 4 | 叶片老化40%～70% | ≥50 | 2天内全面喷药 |
| 5 | 叶片老化≥70% | | 单株或局部防治 |
| 6 | 前一次施药后第8天再次调查，根据调查结果，再次根据序号1～5判断。直至橡胶树老化物候期植株比例达到90%为止 | | |

注：①正常天气是指没有低温阴雨或冷空气等异常天气。如遇低温阴雨或冷空气，喷药时间应适当提前。

②防治药剂均为硫黄粉。如使用其他药剂，喷药时间应提前1～2天。

③中期测报结果为特大流行的年份，序号1～3的喷药时间应提前1天。

总发病率法。从橡胶树抽叶10%开始，每3天1次调查橡胶树的物候和叶片病情，计算总发病率（抽叶率乘以发病率），根据物候、天气和总发病率确定喷药日期和喷药措施。第1次喷药后8天再进行物候调查（不查病情），如果橡胶树新叶未达到50%老化，则应在2～4天内安排第2次全面喷药。第2次喷药后8天进一步进行调查（也不查病情），如果橡胶树新叶仍未达到50%老化，则应在2～4天内安排第3次全面喷药。60%植株叶片老化后进行1次病情调查，总发病率在20%以上的林段要进行局部或单株防治（表5-3）。

表5-3　总发病率法喷药指标和防治操作

| 序号 | 判断条件 | | | 防治操作 |
|---|---|---|---|---|
| | 总发病率X（%） | 抽叶率N（%） | 其他 | |
| 1 | $3 < X \leqslant 5$ | $N \leqslant 20$ | 没有低温阴雨或冷空气 | 在4天内全面施药 |
| | | $20 < N \leqslant 50$ | 没有低温阴雨或冷空气 | 在3天内全面施药 |
| | | $50 < N \leqslant 85$ | 没有低温阴雨或冷空气 | 在5天内全面施药 |
| 2 | $X \leqslant 3$ | $N \geqslant 86$ | 没有低温阴雨或冷空气 | 不用全面施药，但3天内对林段物候进程较晚的胶树局部施药 |

（续）

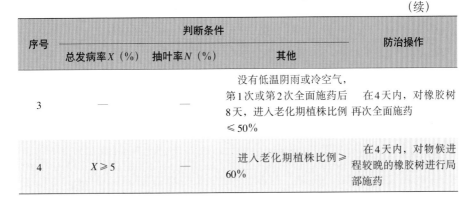

| 序号 | 判断条件 | | | 防治操作 |
| --- | --- | --- | --- | --- |
| | 总发病率 $X$（%） | 抽叶率 $N$（%） | 其他 | |
| 3 | — | — | 没有低温阴雨或冷空气，第1次或第2次全面施药后8天，进入老化期植株比例 ≤50% | 在4天内，对橡胶树再次全面施药 |
| 4 | $X \geqslant 5$ | — | 进入老化期植株比例 ≥60% | 在4天内，对物候进程较晚的橡胶树进行局部施药 |

病害始见期法。橡胶树在抽叶过程中，白粉病出现的早晚是决定病害能否流行的重要标志。若白粉病始见期（系统调查过程中首次发现白粉病的日期）出现在橡胶树植株抽叶率70%以前，病害将严重或中度流行，在病害始见期出现后9～13天内应进行第1次全面喷药防治。

上述4种测报方法已在防治橡胶树白粉病的生产实践中应用多年，取得了较好的防治效果。不同的测报方法各有优缺点，总发病率法的预测准确性较高，预见性强，测报用工少，防治成本低。发病指数法及嫩叶病率法的测报用工多，防治费用偏高，时间提前量略差。

可使用的药剂。硫黄粉是目前广泛用于防治橡胶树白粉病的有效药剂，其细度要求为325筛目。三唑酮、十三吗啉、丙环唑等也是防治橡胶树白粉病的有效药剂。

（2）喷药技术。硫黄粉用量为每亩次0.6～1.5kg，根据白粉病病情、橡胶树物候和天气情况酌情确定。病情较重、橡胶树处于嫩叶盛期、遇低温阴雨天气时，喷粉量应适当加大。病情较轻、橡胶树新抽叶片已开始成熟，或遇晴朗暖和天气，喷粉量可适当减少。硫黄粉的有效期为7～10天。喷粉应在风力不超过2级时进行。晚上22时到翌日晨8时期间，一般气流比较平稳且橡胶树叶面有露水时最适宜喷粉。大雾或静风天气，白天也可喷粉。喷粉操作应从下风处开始，喷粉走向要与风向垂直，以获得最大的保护面积。利用飞机可喷硫黄胶悬剂防治橡胶白粉病，虽具有防效好（与地面防效相等或稍好）、速度快、工效高及喷粉均匀等优点，适用于大面积控制病害流行。但飞机喷粉存在成本高，易受天气、地形限制等缺点。飞机喷粉用药量一般为每亩次0.8kg，有效喷幅80～100m。由于飞机喷粉工作效率高，第1次喷粉时间可适当推迟到橡胶树抽叶40%左右、总发病率为10%～40%时进行，第2次喷粉时间则参照地面防治时间。

三唑酮、十三吗啉、丙环唑防治橡胶树白粉病时，喷药量可参考使用说明书。另外，可将这些药剂加工成乳油或油烟剂等剂型，用热雾机喷雾或用烟雾机喷烟，以解决药物难到树冠顶部的问题。在持续雨天的情况下，利用下雨间歇期喷热雾或喷烟，可弥补持续雨天喷施硫黄粉防治效果差的问题。

（3）化学防治应抓好的4个环节。

①铲除越冬病源。

②控制中心病株（病区）。在橡胶树20%抽叶以前，进行1次中心病株（区）调查，一旦发现中心病株或中心病区，应及时进行单株或局部喷药防治。

③流行期全面喷药。根据病情、物候及未来一周内的天气预报和本地区的短期预报资料，安排好各林段第1次喷粉日期。若预报有阴雨天气出现，应提前喷粉，才能收到预期的防效。

④局部防治后抽叶植株。


# 二、炭疽病

## 1. 症状识别

炭疽病可侵染橡胶树叶片、叶柄、嫩梢和果实，严重时可引起嫩叶脱落、嫩梢回枯和果实腐烂。古铜期的嫩叶染病后，叶片从叶尖和叶缘开始坏死和皱缩，呈现不规则形状、暗绿色水渍状病斑，边缘有黑色坏死线，即急性型病斑。淡绿期叶片上的病斑，近圆形或不规则形状，暗绿色或褐色，易造成橡胶树大量落叶。近老化叶片发病后，病斑边缘凹凸不平，部分病斑凸起成圆锥状，严重时可看到整个叶片布满向上凸起的小点，后期形成穿孔（图5-5）。在老叶上，常见典型的症状有：

（1）不规则形状。病斑初期为灰褐色或红褐色近圆形病斑，病斑交界明显，后期病斑相连成片，形状不规则，且有的穿孔。

（2）叶缘枯型。受害初期叶尖或叶缘褪绿变黄，随后病斑向内扩展，初期病组织变黄，后期为灰白色，病斑交界部呈锯齿状。

（3）轮纹状。老叶受害后出现近圆形病斑，其上散生或轮生黑色小粒点，排成同心轮纹状。嫩梢、叶柄、叶脉发病后，出现黑色下陷小点或黑色条斑。芽接苗发病后，嫩茎一旦被病斑环绕，顶芽便会发

图5-5 橡胶树炭疽病的症状

生回枯。绿色胶果发病后，病斑呈暗绿色，水渍状腐烂。

### 2.发病规律

橡胶树在春季抽嫩叶期间，炭疽病易大发生和暴发流行。在每年3、4月橡胶树抽嫩叶期间，遇降雨和低温（寒流），胶园内相对湿度在90%以上时，炭疽病易发生流行。嫩叶期遇到4、5级大风，病情会加重。病菌以菌丝体及分生孢子堆在染病的组织或受寒害、半寒害的枝条上越冬，成为翌年新抽嫩叶的初侵染来源。分生孢子通过风雨传播到橡胶树叶片、嫩梢上，萌发后从自然孔口、伤口及嫩叶表皮直接侵入引起发病。潜育期2～4天。雨水和潮湿的气流是病菌传播的必要条件，寒害枯枝或半枯枝是病菌越冬的主要场所，风雨是炭疽病传播的主要途径。在橡胶树遭受寒害的地区或年份，嫩叶期遇多雨、高湿的天气，此病容易发生流行。胶园地势低洼、冷空气易沉积，或四面环山、日照短、雾大的谷地，或近水面（河溪、水田）湿度大的地方，橡胶树容易发生炭疽病。

### 3.防治方法

（1）农业防治。对历年重病林段，可在橡胶树越冬落叶后到抽芽初期，施用速效肥。改善苗圃阴湿环境，避免在低洼积水地、峡谷地建立苗圃。加强栽培管理，合理施肥，使胶苗生长健壮，提高胶苗的抗病能力。

（2）化学防治。从橡胶树抽叶10%至叶片老化70%以前，如炭疽病病叶率超过3%，应根据未来7天的天气预报，如有连续3天以上的阴雨或大雾天气，需在低温阴雨天气来临前喷药防治。喷药后第7天，若病叶率和天气预报还有如上述情况，应在3天内喷第二次药。依次类推，直至新抽叶片老化达到70%以上为止。化学药剂每次每亩选用15%多菌灵烟剂0.18～0.22kg，或50%克病威粉剂（兼防橡胶树白粉病）0.6～0.8kg点燃放烟。也可用75%百菌清可湿性粉剂600～800倍液，70%炭疽福镁500倍液，或70%代森锰锌可湿性粉剂400～600倍液，或50%苯菌灵可湿性粉剂1 500倍液，或25%溴菌腈可湿性粉剂500倍液，或10%百菌清，或20%氟硅唑·咪鲜胺热雾剂。在早晨7时前或傍晚7时以后的静风时施药，喷药量为每亩20L左右。中小苗或苗圃用喷雾剂喷雾即可，成龄胶林需用热雾剂喷热雾。

## 三、根病

### 1.症状识别

在我国植胶区发生严重的橡胶树根病主要有4种，分别是红根病、褐根病、臭根病、黑纹根病。其中红根病和褐根病发病最为严重，其发病植株地上部分均表现为树冠稀疏，叶片失绿变黄，植株成片死亡后形成林段"天窗"（图5-6）。

图5-6　橡胶树红根病和褐根病的地上部分症状

（1）红根病。病根表面粘一层泥沙，水洗后可见枣红色或黑红色的革质菌膜。雨季在病树茎基、病树桩侧面或暴露的病根上长出，上表面呈红褐色、灰褐色、土褐色或深褐色的，有的有环纹，有的无环纹、边缘白色、较厚，下表面灰白色的檐状担子果。后期病根木质部组织呈海绵状湿腐。病树树冠稀疏、黄叶、枯枝，树冠顶梢叶蓬有时呈圆盘状，重病株整株枯死（图5-7）。

（2）褐根病。病根表面粘泥沙和小石子较多，凹凸不平，泥沙间有铁锈色菌膜和薄而脆的黑褐色革质菌膜。病树树头和病根木质部具单线渔网状褐纹。雨季在病树断干、茎基、暴露的病根或病树倒干、病树桩侧面长出上表面呈黑褐色、边缘呈黄褐色，下表面呈灰褐色且不平滑和常长有圆锥形的钉状突的檐状担子果。病树倒干后下表面长

图5-7　橡胶树红根病的症状

出的担子果有时呈灰褐色硬壳状。部分轻病树在茎干基部一侧形成烂洞。后期病树树头和病根木质部组织干腐，形成蜂窝状孔洞。病树树冠稀疏、叶片失绿发黄、枯枝，树冠顶梢叶蓬有时呈圆盘状，重病株整株枯死，易被强风吹倒（图5-8）。

图5-8　橡胶树褐根病的症状

（3）臭根病。病树根皮及茎干基部树皮呈水浸状湿腐，恶臭无比。雨季在病根表皮内侧和木质部表面长有扁而粗的白色、红褐色或深褐色草叶状菌索。病根表面菌索初期呈白色，边缘有羽毛状分枝。病根表面有时粘少量泥沙，长有少量灰白色或黄白色菌膜。病树树冠稀疏、叶片失绿发黄、枯枝，树冠顶梢叶蓬有时呈圆盘状，重病株整株枯死（图5-9）。

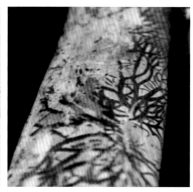

图5-9　橡胶树臭根病的症状

（4）黑纹根病。病树茎基和病根木质部长有单线或双线、弯曲或锯齿状、小圆圈状的黑色线纹。雨季在病树茎基、倒干表面长有扁平、白色至青灰白色的薄片，或深灰色至黑色较脆的块状子座。病根表面不粘泥沙，呈灰褐色。病树树冠稀疏、叶片失绿发黄、枯枝，树冠顶梢叶蓬有时呈圆盘状，重病株整株枯死，易被强风吹倒（图5-10）。

图5-10　橡胶树黑纹根病的症状

## 2.发病规律

根病的初侵染源，多来自垦前林地已经染病的树桩或各种灌木等野生寄主。红根病、褐根病和臭根病发病后可通过病根与健根的接触传染形成大病区。其传播途径有两种：风雨可传播根病菌担子果上产生的担孢子，或子实体上产生的孢子到新砍伐的树桩截面上，或有伤口的橡胶树茎基、断干、或暴露的根系伤口上，在适宜的环境条件下，孢子萌发侵入并扩展使其发病，形成发病中心。土壤中的病根与健根接触后，病根上的菌膜或菌索蔓延到健根上，通过向心蔓延和离心蔓延形成大病区。

黑纹根病橡胶树全年均可发病，在多雨季节病害扩展较快。轻病树冬季早落叶，春季迟抽叶，夏秋季树位中的发病中心形成明显的天窗。黑纹根病的发生与植地垦前的植被类型、土壤环境条件、开垦方式、栽培措施等有一定的关系。

## 3.防治方法

（1）农业防治。农业防治有如下方法。一是定植前减少初侵染源。新胶园垦前调查，并毒杀或清除林地中寄主植物。老胶园更新前调查，并毒杀或清除已染病的橡胶树。开垦时清除销毁病树头和病树根，机耕全垦，并尽快种上豆科覆盖作物。选用无病健壮苗定植，定植后头3年开展调查并及时清除病树（图5-11）。二是在根病病树两侧的第2株与第3株之间，挖一条长3m、宽25cm、深50cm的小沟，斩断沟中的树根，避免根病经由根系接触传播。挖好后的沟每半年清除垮沟中泥土和清除垮沟的新根（图5-12）。

（2）化学防治。每年5—10月，小心刨出病树树头四周半径为1～2m内的根系，每株用十三吗啉乳油30mL加2 000mL水混匀，用一半药液均匀淋洒在刨出的根系上，待药液下渗后回土至满，然后将剩余药液均匀淋灌在回填的表土上。此后再淋灌药液4～5次，每次施药间隔期为6个月。病树周边的健康树须做预防灌药处理：在树头四周挖一条半径约2m、深20cm的环形沟，用同量的药液淋灌在环形沟内，回填环形沟，剩余药液淋洒在回填土上。

图5-11 定植前的预防措施

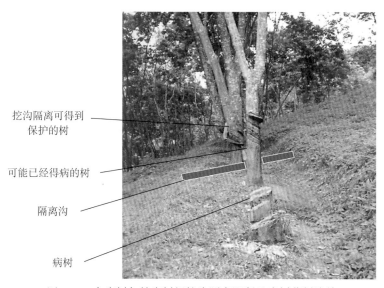

挖沟隔离可得到
保护的树

可能已经得病的树

隔离沟

病树

图5-12 在病树与健康树间挖沟隔离阻断及病树药剂涂抹

国家天然橡胶产业体系病害防控岗位研制的"根康"药剂对橡胶树红根病和褐根病具有优异的防治效果，可在每年5—10月对橡胶树病株和与病株相邻植株的根系施药，雨后3～5天施药最佳。在根病发生初期，离橡胶树头20～30cm处，围绕根茎周围挖一条约宽15cm、深5cm的浅沟，将30mL药剂用清水3 000mL兑成药液，混匀后将药液均匀淋灌于小沟内及树头，待药液完全渗透后再用土壤将小沟封好。每年施药两次，第1次施药2个月后进行第2次施药，连续施用2年。在根病区，病株发病率和病情指数均有显著的降低，染病的病根亦有明显新的愈合组织产生，根病得到有效控制的同时可提高橡胶产量。当"根康"总施用剂量不变时，由4次施药变为2次施药，减少人力物力等防治成本的同时，防效依然能维持在50%以上，且与十三吗啉防治效果相当（图5-13）。

挖浅沟淋药液　　　　　　　　用土壤将浅沟封好　　　　　　　使用后整体效果

根康防治前效果　　　　　　　　　　　根康防治后效果

图5-13　"根康"使用方法及效果

## 四、季风性落叶病

### 1.症状识别

季风性落叶病发病时老叶失绿发黄，整片复叶脱落，大叶柄的基部呈现水渍状褐色或黑色条斑，在病部溢出1～2滴白色凝胶。叶片染病，叶面呈现暗绿色、灰褐色或黑褐色水渍状病斑，病斑上溢出细小的白色凝胶，病叶变黄或变紫红色脱落。树冠中、下层枝梢端组织先发病，呈现水渍状褐色或黑色病斑，叶片呈青绿色萎蔫脱落或挂在枝条上不脱落，后期病梢变黑皱缩并干枯。绿色胶果发病初期果面呈现水渍状褐色病斑，溢出白色凝胶，病斑扩展后全果腐烂。天气潮湿时，病果表面长出白色霉层（图5-14）。

图5-14 橡胶树季风性落叶病的症状

### 2.发病规律

季风性落叶病是橡胶树在每年季风雨开始后发生的一种流行性病害。每年季风雨季节，在连续阴雨潮湿的气候条件下，树冠上带菌的僵果和枝条上产生孢子囊并释放出游动孢子，借风雨传播到绿色叶片、嫩梢和胶果上侵入引起发病。发病后的病组织又可产生孢子囊，和游动孢子传播后进行多次再侵染，病害逐渐加重或发生流行。干旱季节病害停止发展，病菌留存在僵果、病枝梢、病割面和土壤中。潮湿、温凉的天气是导致季风性落叶病发生蔓延的基本条件，降水量的多少和持续时间的长短则决定着发病胶树的落叶程度和落叶持续时间的长短。胶园林地为沟谷、下坡地，靠近河流，林地内低洼潮湿、荫蔽度较大、树冠低矮、密植等造成通风透光不良，并且林间湿度大，易发生较为严重的季风性落叶病。

### 3.防治方法

小面积发生一般不用喷药防治。较大范围发生时，可用瑞毒霉或瑞毒霉锰锌，配成有效成分含量为0.5%的药液喷雾。有条件的，可将药剂制成热雾剂，用热雾机喷热雾，以解决喷药射程不够高的问题。

## 五、割面条溃疡病

### 1.症状识别

割面条溃疡病发病初期，在橡胶树割面新割线上出现一条至数条、数十条排列成栅栏状的竖立黑线，黑线深达木质部。黑线扩展汇合形成黑色条病斑或块斑。天气潮湿时病斑表面长出白色霉状物，会因天气变化和病情发展呈现急性扩展型块斑、慢性扩展型块斑和稳定型块斑3种类型。老割面或原生皮发病，皮下溢胶导致皮层爆裂、隆起，具弹性，木质部变黑褐色。橡胶树茎干发病部位组织后期易遭小蠹虫等害虫蛀食和木腐菌定殖而腐朽，有时会流胶或渗出铁锈色的液体，病部出现较大的凹坑，重病植株易受风折（图5-15）。

### 2.发病规律

割面条溃疡病在每年3—12月的整个割胶期都可发生。秋冬季易发病，夏季气温高，不易发病。每年进入秋冬季，遇相对湿度90%以上的潮湿冷凉天气，潜伏于病组织和土壤中的病菌产生孢子囊或游动

图5-15　橡胶树割面条溃疡病的症状

孢子，借风雨传播到橡胶树低割线的伤口上侵入引起发病，潜育期为1～3天。到冬季天气转冷，停止割胶后，无新的割胶伤口时，病菌活动停止。降雨或高湿度尤其是持续的毛毛雨天气是条溃疡病菌侵染的主要条件，高湿加冷凉气温是导致病斑扩展、烂树的主要因素。发生季风性落叶病的胶园割面条溃疡病发病重，一般芽接树比实生树易发病。凡地势低洼、易积水、种植过密、郁闭度大、失管荒芜、通风透光不良以及靠近居民点的林段，因林间湿度大，割面潮湿后不易干燥，有易于病菌的繁殖和侵染。

3.防治方法

（1）农业防治。加强胶林抚育管理，入冬前清理树位，修除橡胶树下垂枝。冬季避免深割和高强度割胶，对已发病的胶树暂停割胶，严格执行"一浅四不割"的冬季安全割胶制度，即科学安排割胶深度，不要一味追求胶乳产量而"深割"。树身不干不割胶；低割线不割胶，另开高割线割胶；早晨气温低于15℃不割胶；未经治愈的发病树不割胶。采用乙烯利刺激割胶，结合割胶措施，降低割胶频率。经常巡查，及早发现并清除病组织，施药防治以防止扩展。

（2）物理防治。在发生季风性落叶病的胶园及时安装和维修好防雨帽。

（3）化学防治。割面已出现发病症状的植株，晴天时采用外科手术（刮去表皮，慢性扩展型病斑可以不进行）及时涂药治疗，并停割。

选用40%三乙磷酸铝（霉疫净）粉剂、25%甲霜灵·霜霉威粉剂，采用喷雾器喷洒流胶茎干、枝条，至有液体流动为止，也可将药剂用聚乙烯醇调成上述浓度的糊剂，用毛刷涂于患部。注意轮换使用不同药剂，避免病原菌产生抗药性。

## 六、棒孢霉落叶病

### 1.症状识别

棒孢霉落叶病发病时，叶片上呈现深褐色圆形或不规则形小病斑，扩展后病斑中央变褐色或灰白色，病斑处的部分主脉及邻近的侧脉变成棕色或黑色的短线状，呈鱼骨状或铁轨状。黄绿色嫩叶发病，呈现直径为1～8mm的浅褐色小圆斑，病斑中央组织呈薄纸状，病斑中央易形成弹孔状穿孔，边缘褐色，外围有黄晕圈。有时病叶上呈现黑褐色小斑点，扩展后形成较大的圆形病斑，病斑中央灰褐色，边缘深褐色，具明显黄晕圈。发病老叶部分组织或全叶变亮黄色或红褐色，易脱落（图5-16）。

### 2.发病规律

田间全年存在病菌的分生孢子，橡胶树棒孢霉落叶病在每年的9月至翌年3月春季易发生。病菌可在寄主植物上寄生存活或在林间病残体上存活达两年之久，每年春季产生大量分生孢子借气流传播到胶树叶片上，从伤口和表皮直接侵入引起发病。橡胶树棒孢霉落叶病的发生与橡胶树品种、气象条件、海拔和土壤密切相关。28～30℃的高湿、阴雨天气均易于发病。低海拔地区发病重，在海拔高于300m的胶园病害发生比较轻。土壤贫瘠、不施肥或偏施氮肥的胶园发病重。

### 3.防治方法

（1）农业防治。在病害高发区应避免种植RRIM600、RRIM725和GT1等易感病品种。可选种如热研73397、大丰95等比较抗病的品种。在远离棒孢霉落叶病发病林段建立苗圃。注意对苗圃巡查，发现棒孢霉落叶病及时喷药。胶苗出圃定植前用药剂喷雾处理。

（2）化学防治。当发病率达到5%时，推荐在雨季每5天、干旱季

图5-16 橡胶树棒孢霉落叶病的症状

节每7～10天喷施1次杀菌剂，连续喷施3次。化学药剂为50％的苯菌灵可湿性粉剂用清水稀释500～800倍，或40％的多菌灵可湿性粉剂用清水稀释800倍，或25％咪鲜胺·多菌灵可湿性粉剂用清水稀释600～800倍喷施。

## 第二节　虫害防控

橡胶树常易遭受害虫等生物灾害的为害，严重时对产业造成的经济损失巨大，甚至是毁灭性的。害螨、介壳虫和小蠹虫等害虫（螨）是影响天然橡胶产业健康发展的重要有害生物类群，其发生与干旱、寒害、台风等气象因素密切相关。准确识别橡胶树重要害虫类别及发生特点，开展及时有效监测，进行基于气象因子的关联性预警和实施科学防治对天然橡胶产业的健康发展极为重要。

## 一、形态识别与为害症状

### 1.害螨

六点始叶螨在橡胶生产上俗称为"黄蜘蛛"，是我国橡胶树上主要发生的优势害螨种类。

（1）形态识别。六点始叶螨发育历经卵、幼螨、第一若螨、第二若螨、成螨共5个阶段。卵圆形，初产为乳白色，略透明，即将孵化时变为淡黄色。成螨体呈淡黄色，较明显的特点是其体背上有4个或6个黑斑。成螨有4对足。雌成螨体长约0.4mm，椭圆形；雄成螨体长约0.3mm，体瘦小、狭长，腹部末端稍尖（图5-17）。通常在田间需要用手持放大镜方可观察到螨体。

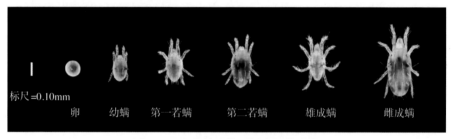

图5-17　六点始叶螨不同阶段的形态

（2）为害症状。六点始叶螨主要以口针刺入植物组织吸取细胞液从而对植物造成危害。在橡胶树上，多在稳定期或老化期的橡胶树叶背发生为害，通常在叶脉基部开始为害，为害初期可见叶脉基部出现褪绿，形成灰白色斑点，继而沿叶脉继续扩展危害，为害部位颜色褪绿为黄色或黄褐色斑块，随着为害程度加深，后期叶片逐渐变黄，甚至脱落（图5-18）。六点始叶螨也可能会对嫩梢嫩叶造成危害，使叶片出现扭曲畸形，受害部位颜色变深。

六点始叶螨在橡胶树叶片上的为害程度分级见图5-19。

0级：叶片健康无螨害症状。

1级：叶片背面主脉两侧基部有零星螨害褪绿斑点，尚未出现黄斑

图5-18 六点始叶螨为害导致橡胶树大量黄叶和叶子脱落

| 0级 | 1级 | 3级 | 5级 | 7级 |

图5-19 六点始叶螨在橡胶树叶片上的为害程度分级

或褐色坏死斑。

3级：叶片出现少量螨害褪绿斑块或小面积黄色斑块或少量褐色坏死斑，黄叶面积或斑块占叶面1/3以下。

5级：叶片出现较大面积螨害变黄或较大坏死斑，黄叶面积或斑块占叶面1/3至2/3。

7级：叶片出现大面积螨害变黄或大量坏死斑，黄叶面积或斑块占叶面2/3以上。

（3）发生特点。在海南，4—5月和10—11月分别为六点始叶螨发生的第1高峰期和第2高峰期。在云南，7月和10月分别是六点始叶螨发生的第1高峰期和第2高峰期。在21～33℃条件下，六点始叶螨世代历期为11.3～20.6天，雌成螨寿命为8.2～19.0天，可营两性生殖和孤雌生殖两种生殖方式，单雌产卵量平均为3.1～11.0粒。高温干旱条件下较有利于该螨暴发成灾，其种群增长最佳适宜温度为27～30℃。

2.介壳虫

主要发生种类为橡副珠蜡蚧。

（1）形态识别。橡副珠蜡蚧雌成虫体长3～6mm，椭圆形，背部隆起，体被暗褐色至紫黑色蜡壳，较硬，产卵期有光泽。刺吸式口器，内口式，位于前体的腹面，足正常大小，分节正常，胫节略长于跗节，爪下无齿，跗冠毛2根，爪冠毛2根，细长，端部膨大。气门洼4个，不明显。肛板一对，三角形（图5-20）。

图5-20　橡副珠蜡蚧

（2）为害症状。橡副珠蜡蚧以成虫和若虫的刺吸式口器插入植物组织，大量吸食营养物质，造成植株长势不良、叶片黄化、落叶及受害枝条干枯，严重时造成树冠枯死。分泌大量蜜露，成为霉菌的天然培养基，诱发煤烟病，严重影响植物光合作用。当介壳虫大量发生时，其虫体密布于植株的表面，影响橡胶树的呼吸作用（图5-21）。

（3）发生特点。橡副珠蜡蚧发育历经卵、一龄、二龄、三龄若虫和成虫共5个阶段，世代历期60～83天。一龄若虫活动能力较强，是

图5-21 橡副珠蜡蚧为害症状

大量扩散的主要虫态,其他虫态大多静止,但当食物条件恶化时,二龄若虫、三龄若虫也可移动。成虫营孤雌生殖,产卵量高达1 990多粒。该虫除嗜好为害橡胶树外,也可为害香蕉、美人蕉、木薯、南瓜等寄主。高温干旱常常易伴随橡副珠蜡蚧的严重发生。

### 3.小蠹虫

据调查发现为害橡胶树的小蠹虫达几十种,主要包括小蠹科和长小蠹科的种类。部分种类常见发生于遭受风、雷、寒、病等灾害,造成树皮溃烂干枯后的橡胶树上,而部分种类如橡胶材小蠹、角面长小蠹和中对长小蠹也能为害健康植株。

(1)形态识别。小蠹虫体小,宽短,圆筒形,多为黑色或褐色,体被毛。头部的一部分向下方延长成较短的头管。前胸背板大,长度约占体长的1/3以上,前端收狭。触角短,锤状。鞘翅长,盖过腹末,表面有粗大的刻点条纹(图5-22)。

(2)为害症状。小蠹虫在幼虫期和成虫期钻蛀树干,受害部位显现流胶、针锥状蛀孔、黄褐色木质粉末,严重时茎干遍布蛀孔和粉柱、粉末等症状(图5-23)。剖开树干可看到其中布有纵横交错的坑道。为害初期蛀孔和粉柱

图5-22 小蠹虫

图5-23　小蠹虫为害后导致的流胶和蛀孔

多见于橡胶树割面及其上下约50cm的范围内，而后蛀孔和粉柱逐渐扩展到整个茎干表面。受害植株初期树冠症状不明显，橡胶树枯死但叶子不脱落。

（3）发生特点。小蠹虫成虫性喜温暖干燥气候，在少雨及湿凉的季节钻孔飞出迁移和钻蛀为害。出现严寒、台风等气象灾害后往往也会出现小蠹虫严重为害的发生。

## 二、虫（螨）害监测与预测

橡胶树害虫的监测对指导防治极为重要，生产上需要常态化全年开展橡胶树害虫的监测，并根据监测结果结合气象趋势进行经验预测。鉴于害螨及介壳虫在高温干旱季节容易发生，而小蠹虫在严寒及严重台风后容易随后发生，所以特别需要重视出现高温干旱气象灾害时对害螨和介壳虫的监测，在出现严寒和台风灾害后要对小蠹虫进行监测。对橡胶树害螨、介壳虫和小蠹虫均可进行调查监测，对于小蠹虫还可利用诱剂对其进行诱集后高效监测。

1.虫（螨）害监测

（1）直接调查监测法。针对不同品种，选择往年常发生的区域或林段设置固定观测点进行害虫（螨）发生动态监测。①害螨监测。采用隔行连株取样法选择20株橡胶树作为监测植株，在每株树下层采用高枝剪取一蓬叶，每蓬叶随机取其中5个复叶的中间小叶，每株树共取5片叶，每个观察点共取100片叶，检查叶片活动螨量（图5-24）。4—6月每7天调查1次，如遇连续高温干旱天气每3～5天调查1次，7—10月每半个月调查1次。②介壳虫监测。随机选择10株橡胶树，调查枝条第1蓬叶（从顶端算）和第2蓬叶之间的介壳虫数量。高温干旱季节每10天调查1次，其他时期每月调查1次。③小蠹虫监测。随机选择100株橡胶树观察树干表面及割面0.5～3.0m的部位是否有木屑、"胡须"、小孔洞等，每月调查1次。

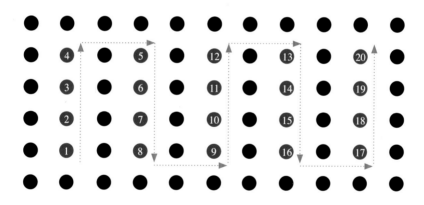

图5-24　隔行连株取样法（用于害螨监测取样）

（2）诱集监测法。可采用小蠹虫专用诱捕器和诱剂进行监测。重点针对寒害或台风断树严重或往年受小蠹虫为害严重、直接调查监测法未发现有受害植株的胶园。在2m高度每10亩悬挂小蠹虫诱捕器1个，2～3天收集1次，连收3次。一般每月监测1次。

2.基于虫（螨）口数量及气象因子的发生预测

（1）害螨。橡胶树落叶不彻底时，越冬虫源数量较高，则来年胶园容易发生螨害。连续出现高温和3周以上的干旱时，害螨往往容易成灾。

（2）介壳虫。田间有虫株率较高（高于40%），且虫口密度高于平均成虫1头/枝，若虫5头/枝以上，连续6周以上高温干旱时，介壳虫易成灾。

（3）小蠹虫。冬季出现低于3～4℃的低温阴雨天气和胶园出现流胶等现象，或台风造成较多断头树、枯死树的林段，随后可能出现小蠹虫为害。田间出现小蠹虫活蛀孔每株3个及48h诱集到的成虫数达到15头/诱瓶，小蠹虫容易严重发生。

## 三、虫（螨）害防控技术

### 1.防治指标

当害螨平均活动螨虫达4～6头/叶、介壳虫成虫达到平均3头/枝或若虫达到10头/枝、小蠹虫48h诱集数量达到每诱瓶10头或蛀孔数量达到每株3个时，应对所在胶园进行药剂防治。如低于以上防治指标，可采取释放天敌或诱杀方法进行防治；如局部少量植株达到防治指标，可进行挑治。

### 2.加强胶园管理

对因螨害和介壳虫为害严重出现叶片黄化、枝条枯死的胶园，应及时停割。及时剪修苗圃里橡胶小苗受橡副珠蜡蚧为害的弱枝、枯枝。冬季结合冬管剪除较高密度带虫小枝，及时将有虫枝条和枯枝集中烧毁。对被小蠹虫为害、寒害及台风致死的橡胶树，死树残桩或经治理无效的严重虫害树应及时砍伐，清出林段并进行烧毁。砍伐严重虫害树和死树时，应选用化学药剂喷洒茎干2次，防止小蠹虫扩散发生新的危害，同时加强胶园管理和规范割胶。

### 3.生物防治

对于介壳虫，可通过释放日本食蚧蚜小蜂、副珠蜡蚧阔柄跳小蜂、斑翅食蚧蚜小蜂和金小蜂等寄生蜂进行生物防治，按5 000头/亩进行释放。当田间橡副珠蜡蚧寄生率达30%以上时，可依靠天敌的自然控制作用。对于害螨，可通过释放捕食螨或助迁拟小食螨瓢虫等捕食性天敌进行防治。

4.诱杀防治

在胶园悬挂小蠹虫专用诱捕器和诱剂进行诱杀防治。悬挂高度为植株上2m左右，每间隔50m悬挂1个，每30天左右更换1次诱剂。

5.科学用药

（1）对高大植株害螨的防治，可选用15％的哒螨灵热雾剂，也可用30％哒螨灵·炔螨特热雾剂，或15％哒·阿维热雾剂等按每亩100～200mL的药量用烟雾机喷施。对中小植株，可选用哒螨灵、炔螨特、阿维菌素、螺螨酯等利用动力喷雾器进行喷施防治。

（2）对于高大植株上的介壳虫，可选用15％噻·高氯热雾剂按每亩200mL进行防治。对于中小苗，可选用氟啶虫氨腈、螺虫乙酯、高效氯氰菊酯按推荐浓度进行喷雾防治。药剂防治时要重视芽接苗及时移出集中种植，及苗木出苗圃前要进行药剂防治。

（3）对于小蠹虫，可选用1.8％阿维菌素乳油或3％啶虫脒或45％吡虫啉兑水400倍液喷射割面上方或下方环树干受害部位。

# 第三节　旱害防控

受季风影响，我国植胶区降水量分布不均，干湿季明显，60％～90％的降水量集中在5—11月，而每年11月至翌年4月时常会发生不同程度的季节性干旱影响橡胶树生产。干旱对橡胶树的生长和产胶均产生不利影响，严重干旱可导致橡胶树干枯死亡。胶园旱害重在预防，在旱害发生后，根据灾害严重程度，及时采取相应减灾措施，可降低灾害损失。

## 一、干旱预防措施

干旱的发生一般都是区域性的，对橡胶树的影响一般为面积较大、影响时间较长，对橡胶树旱害的预防一般都从植胶土壤选择、抗旱定植、胶园覆盖等多个方面开展。

### 1.干旱区植胶林地选择

严重频发地区植胶应选择在湿度较大的阴坡坡下，避免选择地势较高的阳坡坡顶。应选择在具有较强的保水力以及深厚土层的地区植胶，植胶地段避免选择保水力差的砾石土、沙土等土壤质地。

### 2.选择耐旱品种与耐旱种苗

选用GT1、RRIM600等耐旱品种，并选用耐旱能力较强的砧木，如以GT1、RRIM623为砧木。

### 3.抗旱定植技术

我国植胶区多数年份有冬季低温、春季干旱（高温）的气候特点。冬季低温可导致橡胶幼树、成龄树发生寒害，甚至造成植株回枯死亡等严重寒害。越冬寒害程度与橡胶幼树树龄、长势有关，树龄越小、长势越弱，越冬时发生寒害的风险越大。因此，在生产上采用各种措施促进幼树生长，使幼树的茎干在越冬前部分或大部分木栓化，提高橡胶幼树越冬抗寒能力。早春定植，以赢得更长生长期，降低越冬寒害风险等，这虽已作为一项重要措施被推荐。但春季往往是高温干旱天气，有时还有焚风（老挝风）影响，不利于苗木定植生长。因此，不得不采用各种抗旱定植技术解决春季高温干旱天气条件下的定植问题。目前生产上常用的抗旱定植技术有：

（1）常规抗旱定植技术。定植前植穴灌水，定植时分层压土，淋足定根水，并在植株周围盖草遮阳，然后定期淋水保湿。

（2）容器苗雨季初期上山定植技术。容器苗较裸根苗具有根系完整、抗旱性强的特点，一般在4—5月雨季到来后上山定植。

（3）围洞法抗旱定植技术。该技术是经多年实践证明非常有效的抗旱定植技术。采用芽接桩或袋苗作为定植材料，按常规要求进行定植，淋足定根水；然后用"抗旱栏（高约23cm、上开口直径约13cm、下开口直径约15cm）"将露出地面的苗木套在中间，并略往下按"抗旱栏"，将备用表土培到"抗旱栏"外侧四周。培土高至"抗旱栏"上缘（注意：泥土不要掉入"抗旱栏"内），培成一个中间有空洞（即"抗旱栏"内侧，简称"苗井"）、高约23cm的土堆。土堆裙部完全覆盖淋湿的和疏松的植穴表面。围洞处理后，一般天气情况下不必再淋水。若遇极端干旱或高温天气，如连续刮焚风等，可每周往每个"苗井"内淋一杯水（约1kg水）。在苗木成活（植后新抽第一蓬叶稳定至第二蓬叶萌动）后，扒开土堆，回收"抗旱栏"等材料（图5-25）。

淋湿植穴（非常干旱时使用）

萌动裸根芽接桩定植

淋足定根水，待水完全下渗

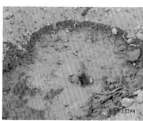

套上"抗旱栏"

将芽接桩套在栏中间

给"抗旱栏"外侧培土

培土高至栏的上缘

土堆覆盖全部湿植穴

定植成活率高

图5-25　"围洞法"抗旱定植过程

（4）保水剂抗旱定植。保水剂作为一种高分子聚合材料，可以吸收大量的水分。在橡胶苗定植前，在植穴土壤内加入适量保水剂（分干湿两种）与植穴土壤充分混合后再进行苗木定植。定植后淋足定根水，7天后再淋水1次，后期根据土壤湿度，每7 ~ 14天浇水1次，直至雨季。

### 4.淋水抗旱

浇水、淋水依然是干旱防控最有效的措施，在有水源的地区，旱季应进行淋水、灌溉，并且要淋透。

### 5.胶园覆盖与土壤保墒

在胶园植胶带进行死覆盖（防草布、秸秆等），行间进行豆科覆盖，增强土壤持水能力。每年结合胶园冬管压青、改土可提高土壤持水性。另外，结合除草对幼龄胶园植胶带进行浅松土，可阻断土壤毛细管，减少土面的水分蒸发，起到一定的抗旱效果。

### 6.预防生理旱害

旱季不可干施化肥，以免引起"生理旱害"，加重旱情。旱情结束透雨后，可对黄叶、落叶较多的橡胶树长出新根后在根圈附近追施1次速效化肥。

## 二、旱害后受害情况调查

在橡胶树出现明显旱害症状时，要及时按照表5-4的标准开展旱害调查，取得胶园内各级旱害树比例等数据。根据调查统计结果对胶园旱害情况做出整体评估，为后续旱害处理提供依据。

表5-4　橡胶树旱害分级标准

| 级别 | 类别 | | |
|---|---|---|---|
| | 未分枝幼树 | 已分枝树 | 小根* |
| 0 | 不受害或少量黄叶 | 黄叶或落叶量<1/10 | 不受害 |
| 1 | 黄叶或落叶量<1/2 | 树冠干枯<1/5 | 地表0～5cm吸收根坏死 |
| 2 | 叶片全落 | 树冠干枯<1/5～3/5 | 地表0～10cm吸收根坏死 |
| 3 | 回枯至1/3树高以上 | 树冠干枯3/5以上 | 地表0～5cm运输根坏死 |
| 4 | 回枯至1/3～2/3树高 | 树冠全部干枯，主干回枯至1m以上 | 地表0～20cm运输根坏死 |
| 5 | 回枯至2/3树高以上，但接穗尚活 | 主干回枯至1m以下，但接穗尚活 | 地表0～40cm运输根坏死 |
| 6 | 接穗全部枯死 | 接穗全部枯死 | 小根全部死亡 |

* 表示在行间离树头150cm观测。

### 三、灾后处理

若因干旱出现黄叶等旱害症状，可采取浅松土、盖草、引水灌溉等措施。开割橡胶树已出现明显排胶障碍，要降低割胶强度和刺激强度，直至休割。若干旱症状加重应停止割胶。若树干上部或大枝干枯，待旱害症状稳定后在回枯处下方约5cm处锯断，锯口应修平涂抹上沥青合剂等防虫防腐药剂，并选留、保护新萌生的枝条。若树干大部分回枯宜尽快倒树。

### 四、灾后复割

橡胶树旱害严重时，应给予一定时间的休整恢复，复割时间根据橡胶树受损程度和灾后抚育措施等综合考虑进行，一般在新抽叶片稳定和叶量接近常年平均水平时复割。

## 第四节　寒害防控

橡胶树原产地年均温度为26 ～ 27℃，而我国植胶区地处高纬度地区，每年都有一定程度的低温寒害。寒害后，因受害部位、寒害类型、降温程度及橡胶树品种的不同，表现各有差异。树冠寒害主要症状为嫩叶枯焦、老叶枯死、枝条干枯。茎干寒害后常表现出黑斑、外层树皮枯死、爆皮流胶、树干冻枯直至整株死亡的现象（图5-26）。部分橡胶树茎基出现爆皮流胶而导致树皮溃烂的"烂脚"症状。根系在受到寒害时也会出现主根根皮爆胶或者干枯、侧根部分干枯或者全枯、吸收根和输导根冻死等。因此，合理运用抗寒栽培技术与措施，对于抵御低温寒害，降低寒害对经济效益的损失至关重要。

枝条寒害 　　　　　　　　　　　　萌条寒害

茎基寒害（"烂脚"）　　　　　　　割面寒害（"爆皮流胶"）

图5-26　橡胶树主要寒害症状

# 一、胶园寒害预防措施

橡胶树寒害的预防需紧抓胶园的合理规划、入冬前的良好栽培管理、低温来临前的及时预防等重要环节。

（一）胶园的合理规划，避免寒害发生

寒害是我国植胶区主要自然灾害之一，经过多年的研究努力和栽培实践，已总结出一系列栽培技术措施，可以有效避免或降低寒害对橡胶树的影响。

1.选择避寒环境

注意种植地小气候与小环境，做好小环境的划分，根据坡向、坡位等因素，科学规划，有效预防。

2.合理配置品种

因地制宜，按照小环境、小气候配置品种，根据不同区块条件配置不同抗寒能力品种，并避免品种的单一化。

3.宽行密株种植

在易受寒害区域，适当扩大行距，降低林间郁闭度，增加光照量，保证胶林的光、热、水的充足。

4.早春定植

早春抗旱定植的苗木经过1个生长季，苗木比较茁壮，可提高其抗寒能力。

5.使用抗寒"三合树"

使用树冠品种、树干品种、砧木品种，亲和性好、产量高、抗寒性强的良好"三合树"作为种植材料。

（二）入冬前的栽培管理，预防寒害

入冬前采取一些栽培管理措施可以有效降低橡胶树寒害的发生率。

1.施肥

9月前施完所有氮肥，使橡胶树树体健壮，储备充足营养，避免寒潮来之前幼嫩枝叶的生长。在落叶前避免使用氮肥，防止寒害前的徒长，可增施钾肥，促进橡胶树植株各个部分的成熟老化，增强耐寒力。

2.地面覆盖

冬季可对橡胶树基部进行地面盖草，然后在草上面覆盖上一层薄土，可减轻低温造成的伤害。

### 3.修剪枝条

修剪干死枝条，剪掉郁闭度大的下部下垂枝条和平伸枝条，增加林间光照，可降低寒害发生率。

### 4.适时停割和割面涂封

低温来临前应该及时停割，停割后及时涂抹割面涂封剂，防止低温对割面及茎干造成伤害。

## （三）低温来临前的预防措施

冬季应密切关注天气预报，一旦预报有会对橡胶树造成低温伤害的天气过程，应及时采取相关防寒措施。

### 1.烟雾防寒

在胶园内人工制造烟雾，减少地面的有效辐射，以减少降温幅度，减轻寒害。

### 2.物理包裹防寒

在橡胶树的茎干处尤其是割面附近包裹塑料薄膜或其他防护材料，隔离低温对树体的伤害，可有效降低割面寒害发生率。

### 3.架设防寒棚

在橡胶苗圃上架设防寒棚，棚上覆草，减弱地面辐射，提高棚内温度，使橡胶幼苗免受冻害。

# 二、寒害发生后胶园的调查和处理

寒害发生后，应及时对胶园寒害受害情况进行调查，根据受害情况的不同采取科学的处理措施，对具有保留价值的树体与胶园进行及时处理，对不具有保留价值的树体与胶园进行报废处理。

## （一）寒害后的调查

按表5-5的橡胶树寒害分级标准逐株调查并记录。根据调查结果评估做出报废更新、树体处理等措施决定。

表5-5　橡胶树寒害分级标准

| 级别 | 类别 | | | |
| --- | --- | --- | --- | --- |
| | 未分枝幼树 | 已分枝幼树 | 大树主干树皮 | 茎基[a]树皮 |
| 0 | 不受害 | 不受害或嫩叶受害 | 不受害或点状爆皮流胶 | 不受害或点状爆皮流胶 |
| 1 | 顶蓬叶受害 | 树冠干枯＜1/3 | 坏死宽度＜5cm | 坏死宽度＜5cm |
| 2 | 全落叶 | 树冠干枯1/3～2/3 | 坏死宽度占全树周2/6 | 坏死宽度占全树周2/6 |
| 3 | 回枯至1/3树高以上 | 树冠干枯2/3以上 | 坏死宽度占全树周3/6 | 坏死宽度占全树周3/6 |
| 4 | 回枯至1/3～2/3树高 | 树冠全部干枯，主干回枯至1m以上 | 坏死宽度占全树周4/6或虽超过4/6但在离地1m以上 | 坏死宽度占全树周4/6 |
| 5 | 回枯至2/3树高以下，但接穗尚活 | 主干回枯至1m以下 | 离地1m以上坏死宽度占全树周5/6 | 坏死宽度占全树周5/6 |
| 6 | 接穗全部枯死 | 接穗全部枯死 | 离地1m以下坏死宽度占全树周5/6以上直至环枯 | 坏死宽度占全树周5/6以上直至环枯 |

　　a指芽接树结合线以上约30cm，实生树地面以上约30cm的茎部。芽接树砧木受害另行登记，不列入茎基树皮寒害。

## （二）寒害树处理

### 1.宜报废的受害橡胶树

发生如下程度寒害的橡胶树，建议直接做报废处理。

（1）接穗全部死亡。

（2）树冠干枯2/3以上，且主干下方两个割面均"死皮"。

（3）树皮环枯或茎干坏死5/6以上树围，树围≥30cm且树冠干枯或茎干1.8m以下树皮坏死5/6以上已确定无法恢复生机的。

（4）五龄以下未开割胶园1.8m以下树皮坏死2/3以上树围的。

### 2.宜报废的受害胶园

受害胶园的报废按开割胶园和中小苗胶园分别对待。

（1）开割胶园。寒害报废树占胶园总株数的60%以上或寒害后正常树每亩不足10株且面积大于10亩的。寒害后两年复割，亩产低于当地平均产量60%的胶园，做报废重新垦植处理。

（2）中小苗胶园。树围大于等于30cm、小于45cm的中小树苗，树冠干枯或主干干枯5/6以上，每亩保存株数不足15株或寒害报废树占林段抚管株数的60%以上，已确定无法恢复生机的胶园，建议报废并做更新重种或"并种"处理。树围小于30cm的幼树，接穗处枯死、死亡株数占总株数60%以上的，建议做更新重种或采取"并种"处理。

### 3.受害树的处理

应根据寒害级别的不同对有保留价值的橡胶树，做出相应处理。

处理要做到：①要适时。不能太早或太迟。橡胶树遭冻伤后，枝条或茎干干枯要在一段时间后才出现，并且有一段回枯发展的时间。因此，太早处理则不彻底，小蠹虫会侵入新干枯部分；太迟处理小蠹虫会大量侵入。②要适当。不要人为扩大伤口，也不要因处理不当引起小蠹虫的侵入。③采取养、防、治三结合的综合处理措施。"养"是加强灾后的水肥管理和降低割胶强度。"防"是防止小蠹虫为害，防止伤口暴露的木质部腐烂。"治"是治理伤口，促进愈合。④应避免人为扩大伤害面积，避免大量流胶。采取有利于伤口愈合和恢复生长、产胶的措施，力求高效、省工、低成本。

寒害树处理的工作安排应先轻后重，先易后难，先开割树后种小苗，先割胶部位后树冠，先割面后树干。处理的时间一般以灾后新抽第一蓬叶稳定以后，气温已稳定回升，受害症状稳定，干枯边界分明时为好。但是，有时会出现倒春寒，灾后新抽第一蓬叶可能再次出现冻害。因此，必须在确定气温不再大幅下降以后才做处理，但应在雨季来临前处理完毕。另外，割面寒害需要在寒害发生后及时处理。

受害树处理时应分别对幼树和开割树采取不同的处理方法。

（1）对受害幼树的处理。干枯处离芽接位不足1m的，在芽接位上方10～15cm处切干，重新培养主干。枯处离芽接位1m以上的，保留主干，枯到哪切到哪。已分枝的受害幼树，树冠受害或茎干枯至1m以上的，均截去干枯部分。快达到开割标准的幼树，茎干树皮干枯达1/3树围的，应在干枯部位下方截干，并将切口用沥青合剂等涂封；茎干树皮干枯未达1/3树围的，不截干，但要按树干受寒处理的方法处理。

具备补（换）植条件的应及时用高干苗等补（换）植。如果受害比例过大，建议重新种植。

（2）受害开割树的处理。开割树的茎干和割面寒害按干枯型、爆胶型和爆胶干枯混合型进行处理。

树冠寒害根据受害程度做不同处理：树冠干枯不到2/3的不必处理；干枯达2/3以上的待第一蓬叶稳定后结合修枝整型截去枯枝、枯干；全枯的在干枯位下方2～3cm处锯干，锯口干后涂沥青合剂或煤焦油。树皮环枯或茎干坏死5/6以上的寒害树报废，不做处理。

外皮枯死的，形成层未受害，仍可分生韧皮细胞，干死的外皮会自行脱落，故不必处理。

树皮爆皮流胶的，根据爆胶伤口的大小酌情处理。爆胶口宽度小于5cm的，不需处理，或只将凝胶块拔出。爆胶口宽度在5～10cm的，拔出凝胶块，修去坏皮，用橡胶树割面保护剂涂封活皮边缘。爆胶口宽度在10cm以上的（多由两个或多个爆胶口相邻），拔出凝胶块，修去坏皮，并注意保护各爆胶口之间活的形成层，用加入防虫剂的橡胶树割面保护剂涂封。

整个割面受害且面积较大的，先可用杀虫剂涂在寒害部位，然后待割面干枯将干枯树皮刮除，刮净木质部表面的坏死组织，拔除胶线、胶膜，然后用橡胶树割面保护剂涂封木质部。

烂脚的，烂皮宽度在5cm以下者可不处理；5cm以上的应清除坏皮及凝胶，清洁伤口后用橡胶树割面保护剂涂封木质部。烂皮达树围1/2以上的，除同样处理外，可采用"植根法"（在坏死部位的上方接抗寒实生苗桩）进行挽救。

树干溃烂成洞穴的，要排除积水，剔尽朽木，然后消毒补洞。

寒害伤口具体处理方法如下：

①选择晴天，将爆胶处凝胶块及延伸的胶膜拔除，用刀削去翘起的树皮，干枯型的把干死树皮撬除。然后，在树皮死活交接处修边，斜切平滑。在伤口下方开一个小的排水口，修边和开排水口尽量做到不流胶或少流胶。引起流胶的，应用3%～5%醋酸涂抹。

②第二天，拔除修边时不慎流胶而凝固的胶线，刮净木质部表面的坏死组织，如伤口中有活的形成层应细心保留并加以保护。用橡胶树割面保护剂涂抹活树皮边缘和活的形成层。

③待木质部充分干燥后（正常天气一般需要10天左右）用橡胶树割面保护剂涂封。

（3）寒害树处理其他注意事项。爆胶型受害树的爆胶口木质部会出现发黑，并有黑色细条纹向纵向延伸的现象，这是受冻害的影响，不能按处理条溃疡病追黑线的方法进行处理，以免人为扩大伤口，加重橡胶树受害，并浪费人工和涂封材料。

## 三、受寒害胶园的管理

对于仍有保存价值的胶园，在寒害发生后，应防止病害和虫害的大面积发生，并做好相应的处理。

### 1.加大病虫害监控力度

寒害发生后，橡胶树对病虫害的抵抗能力减弱，同时叶片物候不整齐，很容易遭受白粉病、炭疽病、小蠹虫等病虫害的侵害。因此，应当加强对这些胶园病虫害的监控力度，一旦达到防控指标及时予以防治。

### 2.加强胶园的水肥管理

寒害往往造成橡胶树不正常落叶，养分无法转移回到枝茎，造成无效损耗。同时寒害树由于胶乳外流、内凝和愈伤以及恢复树冠等消耗了大量养分。因此，寒害后必须加强对橡胶园的水肥管理，保证橡胶树能够及时抽新叶，形成新树冠，愈合伤口和恢复生产。

## 四、寒害树的复割

对于树冠干枯不到2/3、主干树皮坏死宽度不足树围1/3的受害树，虽可以待第1蓬叶稳定后正常割胶，但要适当降低割胶强度。

对于树冠干枯2/3以上、主干树皮坏死宽度不足树围1/2的受害树，应在第二蓬叶老化后再进行复割，但要降低割胶强度。

对于主干树皮坏死宽度达整个树围1/2以上的受害树，应养树一年，待受害树形成一定树冠，有正常叶量的40%后，再进行低强度复割。

# 第五节　风害防控

橡胶树起源于高温、静风的亚马孙河流域，喜微风。我国橡胶种植区主要分布在云南、海南、广东等省份，属于非传统植胶区，橡胶树经常遭受风害。一般如果台风风力大于10级，龙卷风或者雷雨前的大风会使橡胶树风载荷大于其可承受能力，出现断枝、断干及倒伏现象。橡胶树受风害程度如何，受台风特性、林地环境以及橡胶树的材质、形态、分枝习性、树龄等因素的影响。在易遭受风害区域，除采取配置抗风品种、营造防护林、修枝整形、采用抗风种植形式等预防性措施外，风害发生后，应及时对受害橡胶树进行有效的处理，以减少经济损失。

## 一、抗风栽培措施

风害预防是做好橡胶树风害防控工作的重点。提前做好各类风害预防措施能够降低风害对橡胶树的损伤，保障天然橡胶生产工作的持续开展。

### 1.选用抗风品种

橡胶树不同品种间的抗风性存在很大差异，总体而言，分枝角度较大的橡胶树不易遭受风害。在风害较重区域，因地制宜地配置抗风品种（如热研73397、热研917、PR107等），是橡胶树抗风栽培成功的重要措施。

### 2.营造防护林

营造防护林是改造植胶环境、削弱风速，减少橡胶树风害损失的重要措施。我国多年来的植胶实践证明，营造防护林有保护胶园、减轻台风等自然灾害的作用。

### 3.修枝整形

修枝整形是通过改造树冠的形态，增加树冠疏透度，提高橡胶树的抗风力，以达到减少风害的一项措施。按修枝整形的对象、要求和方法不同，可分为幼龄树修枝整形和成龄树修枝整形。

幼龄橡胶树的修枝整形，目的在于定向培养抗风的树形，以修整成疏朗、均匀、轻盈的多主枝形的树冠为目标。这种树冠由5～8条主枝和5条以上的副主枝（二级分枝）组成树冠骨架，加上其叶冠层所构成。所有主枝的分枝角度不宜太小，必须具备牢固的分枝结合点，且主枝梢端应向上生长，以利于形成永久性的骨架枝。

成龄橡胶树是指树冠已经定型的开割或接近开割的橡胶树，着眼点在于减轻树冠重量，增加树冠疏透度，使树冠重心尽量下移。尽管成龄橡胶树修枝可有效减轻风害，但成龄树修枝难度大，每3年左右要重新修剪，且对生长和产量均有一定的不良影响，因而仅推荐对容易遭受风害的橡胶树坚持修枝，使其免遭风害。

### 4.采用抗风种植形式

合理的密植有助于增强橡胶树的抗风能力。密植的橡胶树由于树冠小，树干细长，容易断干而不易倒伏，因而其倒树率随密度的增加而减少，而且密植的断干部位较高，有利于重新形成树冠和恢复割胶。此外密植的单位面积株数较多，单位面积上保存株数也多。

另外，不同种植形式的抗风效果也存在差异。对不同种植形式胶园风害情况的调查结果显示，宽窄行保存率最高，街道式次之，丛种式最低。利用适宜品种，采用宽行窄株（株距2m×行距4m×大行距20m）的形式可为胶林内留出一定的风道并发展林内间作，减少风害损失（图5-27）。

图5-27 宽行窄株（株距2m×行距4m×大行距20m）种植形式及其风害情况

## 二、风害后的受害调查

风害发生后，要及时开展风害调查，取得胶园内各级风害树数据。根据调查统计结果对胶园风害情况做出整体评估并作为后续风害处理措施的制定依据。

目前，我国针对未分枝的幼树和已分枝的橡胶树的风害进行分类分级，具体风害分级标准见表5-6。

表5-6 橡胶树风害分级标准

| 级别 | 类别 | |
|---|---|---|
| | 未分枝幼树 | 已分枝橡胶树 |
| 0 | 不受害或少量落叶 | 不受害或少量落叶 |
| 1 | 破损叶量<1/2 | 叶子破损，小枝折断条数<1/3或树冠叶量损失<1/3 |
| 2 | 破损叶量≥1/2至全部脱落 | 主枝折断条数1/3～2/3或树冠叶量损失1/3～2/3 |
| 3 | 1/3树高以上处断干 | 主枝折断条数>2/3或树冠叶量损失>2/3 |
| 4 | 1/3～2/3树高处断干 | 全部主枝折断或一条以上主枝劈裂，或主干2m以上折断 |
| 5 | 2/3树高以下断干，但仍有部分完好接穗 | 主干在2m以下折断 |
| 6 | 接穗劈裂，无法重萌 | 接穗全部断损 |

（续）

| 级别 | 类别 | |
| --- | --- | --- |
| | 未分枝幼树 | 已分枝橡胶树 |
| 倾斜 | | 主干倾斜30°以内 |
| 半倒 | | 主干倾斜30°～45° |
| 倒伏 | | 主干倾斜超过45° |

断倒株数＝4级株数＋5级株数＋6级株数＋倒伏株数；
断倒率＝断倒株数/全部株数×100%

## 三、灾后处理

橡胶树风灾发生后应及时处理，以减轻风害对胶园生产的影响，尽快恢复正常生产秩序。风灾后处理应综合考虑处理后胶园的潜在产胶潜力，当低于更新标准时宜放弃处理，进入更新程序。

### （一）宜放弃处理的胶园和橡胶树

#### 1.宜放弃处理的胶园

近年亩产干胶低于该类型区产量60%以下，风害断主干在2m以下和全倒伏树共达20%以上的胶园。断干2m以下或全倒伏树达60%以上的胶园。

#### 2.宜放弃处理的橡胶树

严重病根树、断口两面死皮树、较多木瘤树、丧失产胶能力树、断裂至芽接点或根茎交界处的树、断口下无分枝又无原生皮的树、16年以上割龄且断主干在2m以下或者全倒伏树、低产的实生树、郁闭度大的林段中受害严重的树。

### （二）其他应处理的橡胶树

#### 1.处理时间和顺序

受损橡胶树处理时间越早越好，全倒树力争在全倒后7天内完成。

按受害情况及立地环境确定先后顺序，原则上可先处理容易处理的树，后处理难处理的树；先断干和倾斜树，后全倒树；先断干低的树，后断干高的树；先高产树，后低产树；先开割树，后种幼树；先郁闭度小的林段，后郁闭度大的林段。

2.处理方法

（1）全倒伏树处理（图5-28）。

①清理植穴，将原植穴残根、杂物污泥挖出，并适当加深扩大。

②修平断根，将断裂的主根和侧根斜切修平，侧根留长30～50cm，用杀菌剂消毒。

③修截干枝，未分枝树保留2.5～3m主干；已分枝树交错保留约50cm分枝，锯口向背光方向，倾斜30°，擦干锯口胶乳，并用涂封剂封口。

④扶正倒树，用绳拉或支撑办法，将倒树扶正，用新土压实，并加树权支撑。

⑤盖草淋水。

注意：如倒树较多，不易在短期内完成扶正工作，可以使倒树原地不动，按要求短截分枝，截下来的树枝覆盖修剪的树冠，从旁边挖土覆盖根茎部，以减少树体水分蒸发，稍后再扶正。

（2）半倒树处理。对于半倒开割树一般不予扶正，只需用土填好

图5-28　全倒树处理

风摇造成的树头空洞，并压实。对于半倒中小苗，应尽量扶正，但以不拉断其他树根为准，扶正后必须用树权撑住，然后用新土填实树头（图5-29）。

图5-29　半倒树处理

（3）断干树处理。断干树不论高低，只要有原生皮的，都能萌发新芽，重新形成树冠或长成新株，故应及时、正确地加以处理。采取裂口在哪里切到哪里，锯口方向与留芽方向相反，重台风区留芽与风向同，山坡留芽面向梯田内侧，锯口与全倒树同（图5-30）。

**3.处理树的后期抚管**

（1）抹芽定芽。根据受害树情况进行留芽和定芽，除新主干和高部位萌芽外，全部及时除去。

（2）淋水控萌和追肥。扶直和并种的树至第二年雨季前，应及时去除附近杂草，干旱时及时淋水抗旱。修枝截干后的树木，抽叶后及

图5-30　断干树处理

时追肥。

（3）预防病虫害和牛、兽等危害。注意预防灾后白粉病和炭疽病，萌条需要防牛羊危害。

（4）处理残桩。对于低矮残桩或报废树桩可进行割胶后砍伐，并及时用土填埋残桩树洞。

## 四、灾后复割

遭受风灾后的橡胶树应给予一定时间进行休整恢复，复割时间根据橡胶树受损程度和灾后抚育措施等综合考虑。

叶子大部分破损和有部分小枝条折断的胶树，要在风害一星期后才能恢复割胶，切忌在风后3天内抢割所谓的"高产刀"，否则会加重对橡胶树的伤害。各类断干树的复割时间，要看地区环境、受害程度以及受害后的抚育管理情况而定，一般以胶树的根系和树冠生长基本正常为原则。分枝以上断干的，停割半年左右，新梢3～4蓬叶稳定时复割较好。重新培养树冠的炮筒树，停割1～2年，树冠基本形成时较为适宜。倒树重种的因根系和树冠恢复需要的时间较长，因此，一般宜在2～3年后复割为好。复割后的橡胶树，要认真注意养树，要根据树的情况，适当降低割胶强度，或采取停停割割的措施，并加强施肥管理。

# 第六章 CHAPTER 6

# 胶园更新

　　胶园更新即推倒原有的橡胶树重新建设新的胶园。胶园更新是提升胶园质量、获得更高效益、保持天然橡胶总产量稳定、减灾救灾的一种重要手段。在植胶生产过程中，因橡胶树经济寿命所限，或遭自然灾害损坏需要对胶园进行更新。通过品种更新、技术更新、设施更新等胶园质量可以大幅改善，甚至升级换代，同时可获得大量橡胶木材。因此，胶园更新是橡胶生产中一个重要环节，也是提升植胶效益、调整产业结构的一次重要机会。

　　在胶园达到更新标准后应对拟更新胶园开展充分调研和分析，进行统筹规划并制订合理的更新和种植计划，达到以胶为主、多种经营、多层栽培的目的，以提高土地利用率。在自然灾害较重的地区，除配置抗性强、高产、质优的橡胶树品种外，还应配置适于当地生长的二线作物和绿肥覆盖作物，以形成良好的生态环境，提高胶园抗灾能力。

## 第一节　更新标准

### 一、胶园更新的目的

　　橡胶树经过20～30年的割胶生产，产胶能力衰竭、产量下降，死皮停割株数大幅增加；加上因各种自然灾害的影响，单位面积有效株数减少，经济效益大幅下降。因此，为避免土地资源浪费、提高产胶能力和土地利用率，应对此类胶园予以更新。

## 二、胶园更新的范围与标准

根据《橡胶树栽培技术规程》（NY/T 221—2016），确定需要更新的胶园。

（1）胶园单位面积产量低于该类型区平均单产60%的低产胶园。

（2）有效割株少于15株/亩（云南植胶区少于10株/亩）的残缺胶园。

（3）达到或超过割胶年限，更新后可以明显提高生产效益，且符合区域内整体胶园更新规划的老龄胶园。

但已划为生态公益林或水源涵养林的胶园，更新前需取得当地林业主管部门同意后方可进行更新。

## 三、胶园更新的要求

胶园更新可促进新品种、新技术的应用，有利于大幅提高橡胶树单位面积产量和土地利用率，因此，在不增加劳动力、不减少收益和不增加投资的前提下，应加快胶园更新步伐。更新前，应提前3～5年做好更新规划，及时采用强割措施充分挖掘橡胶树产胶潜力，增加干胶产量。更新时，要按宜林地等级先优后次、先低产胶园后次低产胶园的顺序，小区域连片、短期内完成。要提前做好准备，发挥机械的作用，减轻劳动强度；做好木材综合利用，提高橡胶木材的经济价值。同时，要提前做好林地规划，建立新胶园时全面考虑和应用最先进的品种、技术和经验，将新胶园建设成土地肥沃、气候适宜、环境优良、多种经营、抗灾能力强、成本低、产量高、机械化程度高的现代化橡胶生产基地和人工林生态系统。更新后，要及时抚管好橡胶树，使胶园提早投产。同时，可在胶园行间适当间作，增加收益，避免因更新减产而降低收入。

# 第二节　更新前强割

更新前的强割即采取比正常割胶强度大1倍或几倍的措施，在橡胶树砍伐前尽最大可能地提高橡胶产量，增加收益，是一个最大限度发挥胶园生产效益的过程。强割是更新前必须采取的关键措施，具有很强的技术性。强割不是任意乱割，而是要根据橡胶树的产胶、排胶规律，有计划、有步骤、有节奏地在更新倒树前尽可能将橡胶树产胶潜力挖掘出来。

## 一、强割的基本原则

强割的基本原则是提高经济效益，以增补减。因此，强割的规划必须从低产林段到次低产林段，有计划、有步骤地安排。为了有利于集中和方便管理，强割尽可能连片进行。在劳动力安排上，应量力而为，根据本单位劳动力的可能性，进行必要的调剂，尽量做到不增加劳动力。割线不能太多，割胶强度不宜过大，必须按照橡胶树的产胶、排胶规律进行。

## 二、强割前的准备

强割前应根据胶园拟更新的次序，提前3年制订出强割计划，并根据需要准备的工具、物资，对胶工进行必要的培训。

由于强割树割线增多，需要补充胶杯、胶架、胶舌等工具，一般比常规割胶大概增加50%。乙烯利刺激剂的用量也需适当增加，强割头2～3年，约比正常割胶的用量增加1倍，倒树当年则需增加1.5～2倍。另外，强割时除需要配备常规割胶的短柄胶刀以外，由于割高线和阴刀，每个胶工需要配备长柄胶刀。刀柄的长度为50～100cm，可将原有短柄胶刀加以改进，即在每把胶刀上装一个胶刀柄套筒，以便随时可安装长刀柄，在割高线时应用。

强割胶工的技术培训，不同于普通胶工的训练。更新的橡胶树因低部位树皮已重复割胶多次，产胶潜力已大大降低，故强割应着重于高割线，尽量挖掘高部位树皮的产胶潜力；同时，常规割胶中胶工习惯于割低割线，而更新树的高割线多割阴刀。高部位阴刀割胶与低部位阳刀割胶有很大的区别，阳刀割胶是由上往下割，斜度较小，不易外流，割线低，不需要长柄刀；阴刀割胶则相反，由下往上推，割线斜度较大，割线高，需要用长柄刀。因此，胶工需重新培训，才能掌握高部位阴刀割胶技术，从而获得较高的产量。

## 三、强割的基本措施和操作要点

更新前强割的基本措施主要有两条：一是适当加大割胶强度，增加割胶刀数，增加割线条数和延长割线。二是增加刺激剂的用量和加大刺激强度，通过调节刺激剂用量以达到增产目的。

### （一）割胶树位调整和割线距离要求

增加割胶刀数、增加割线条数、延长割线，增加割胶强度势必会增加割胶工人劳动强度。因此，强割时每个割胶工人的割胶株数应相应减少，一般调整到170 ～ 180株/树位，每个割胶工人负责割3个树位，3天轮换1次。

另外，强割橡胶树一般每株树干的两面各开一条割线（或同一割面开上、下两条割线），两线上下相距80 ～ 100cm，根据强割的年限来调整割线的高低。强割两年更新倒树的橡胶树，低割线应调整至离地面50cm以下。对于同一面割阴阳刀或是低线割阳刀、高线割阴刀的橡胶树，则两条割线的距离和低线离地面的高度则不必完全按上面的规定，主要应注意两个割面不能重合。由于橡胶树割胶年限历时已久，每株树的割线高低不尽相同，所以割线的调整还应根据具体情况因树制宜。

### （二）乙烯利刺激强割

强割第一年在1/2割线的基础上增加一条1/4阴线和增加0.5%的乙烯利涂药浓度（即RRIM600涂2.5%，PR107涂3.5%），实行3天1刀或4天1刀割制，分别以15天或12天为一个周期，因雨停割可补刀，年割80刀或60刀以上。强割第2年采用上一年度涂药浓度再增加0.5%~1.0%（RRIM600涂3.0%，PR107涂4.0%），分别以15天或12天为一个周期，因雨停割可补刀，年割85刀或65刀以上。当年倒树采用2条阳刀割线和1条阴刀割线，两条割线应保持60~80cm间距为宜。加涂3.5%~5%的乙烯利浓度（RRIM600涂3.5%~4.0%，PR107涂4.5%~5.0%），分别以9天或12天为一个周期，因雨停割可补刀，年割90刀以上，最大限度挖掘胶树产胶潜力。

### （三）气刺采胶强割

列入更新倒树计划的胶园也可采取气刺割胶技术进行强割，达到省工高效和更新挖潜的目的。强割第1年用1/8单阴线，实行3天1刀或4天1刀割制，12天或15天为一个充气周期，年割60~80刀。强割第2年可割线到1/4单阴线或1/2单阳线。倒树的当年改为两条1/4阴阳线割胶，9天或12天为一个充气周期，年割90刀以上。具体操作方法见第四章。

## 第三节　倒树更新

橡胶树树体高大，杆粗、根深、材积量大，林木又集中，因此，安全、迅速、优质、低成本倒树，必须根据胶园橡胶树种植的株行距、地形、地势等，充分利用机械，同时应结合胶园更新规划和种植安排等做好根病标记处理和林地清理工作。

## 一、根病树标记和预处理

在橡胶树伐倒以前应对根病树进行单株调查，对感病植株做出标记，并以林段为单位，分别统计其数量，绘成根病分布图，作为技术档案保存，同时着手根病树桩的处理。

处理的方法参照第一章第三节林地开垦中的执行。

## 二、更新倒树

在倒树前制订橡胶木材的收获和利用计划。实地调查拟更新胶园的地形、地势、土壤、林木蓄积量、出材量和下层植被以及木材采运条件等。橡胶林木蓄积调查可采用标准地或全林实测法或机械抽样调查法推算。防护林带采用抽取标准段或标准行进行调查。根据调查结果编制出采伐作业设计书。根据近年来的生产实践，更新倒树的方法有以下两种：

### （一）人工倒树

根据森林采伐的要求，在橡胶树离地面约20cm处，以人力用过江龙大锯将橡胶树锯断推倒。此法的优点是不用大型机械；缺点是工效低、速度慢、成本高，而且不安全，容易发生工伤事故。因此，目前基本上不再采用。但在地形复杂、坡度较大，不能进行机械作业的地区仍然继续使用。

### （二）机械倒树

将大型拖拉机前边的推土铲换上推树器，把着力点提高到适当的高度，拖拉机向前推行，便可推倒橡胶树。为了有利于操作和提高工作效率，推树的步骤可采取先推倒外缘的树，后推倒中间的树。先推倒小树后推倒大树；先推倒稀疏的树，再推倒密集的树；在起伏不平的坡地，应先推倒坡下的树，后推倒坡上的树。循序渐进，逐株地把橡胶树推倒，然后再放低推树器将橡胶树树头连树根一起推出地面。较大的橡胶树，一次不能推倒的，则用推树器先在树的一侧或两侧将树根掘起，然后再推树，直至把树推倒为止。

## 三、断木

橡胶树推倒以后，最重要、工作量最大的是断木（将更新推倒的橡胶树分段锯成原木）和木材的堆放，在我国植胶区现有条件下，仍然是以人工断木为主，断木的主要工具是过江龙大锯和油锯。

橡胶树和其他乔木一样，接近基部的一端围径较大，尤其是实生树，树身圆锥度较大，靠树根的一段木材，材积量大，因此应视情况锯得稍短一些。一般每段长度以1.5～1.6m为宜，其余各段长度可为2m，最末一段应按木量材，也可延长到2.8m，锯木的断口应该平整。

断木以后，应将原木集中，按长度、大小分类堆放在汽车能到达的地方，以便于装载运输，运输到目标地点后应及时处理和加工利用。

## 四、清岜

橡胶树推倒以后，在处理原木和枝丫的同时，可用清山机械把没有推干净的枝条及推出地面的树头、树根等清理到林段的边缘或沟边（图6-1）。作业时可将枝条、树根先集中垛成小堆，再清理到林段外，对一些未被刨出的小树根，还可用耙根工具在林段内纵横各耙一次，将树根耙集成小堆，然后再进行清理，有利于挖穴和修筑环山行等开垦作业的进行。除病虫害严重的迹地和油污杂物可用火焚烧（应有专人看管）外，应将枝丫、梢木、截头等集中深埋或堆沤。堆积枝丫时宜避开小河、小溪径流（图6-1）。

图6-1 清理树头和处理更新地枝丫

## 五、根病区处理

倒树后，先用机械工具拔除根病植株树桩，开垦深翻根病区的土壤，对土壤中的病根和垦前植穴内的病根拾净集中清理，并翻土暴晒半月以上，拔除树桩的空穴内按照约每株2kg的用量撒施石灰粉处理（图6-2）。

图6-2 根病区开沟、撒石灰、暴晒和回土混匀处理

图书在版编目（CIP）数据

天然橡胶良种良法技术手册/黄华孙， 曾霞主编
. —北京：中国农业出版社，2023.12
ISBN 978-7-109-30986-9

Ⅰ.①天… Ⅱ.①黄…②曾… Ⅲ.①橡胶树－栽培
技术－手册 Ⅳ.①S794.1-62

中国国家版本馆CIP数据核字（2023）第146996号

中国农业出版社出版
地址：北京市朝阳区麦子店街18号楼
邮编：100125
责任编辑：王庆宁 文字编辑：李海锋
版式设计：王 晨 责任校对：吴丽婷
印刷：北京通州皇家印刷厂
版次：2023年12月第1版
印次：2023年12月北京第1次印刷
发行：新华书店北京发行所
开本：700mm×1000mm 1/16
印张：10.75
字数：160千字
定价：88.00元